普通高等教育"十三五"规划教材

Python程序设计

主　编　丁亚涛
副主编　王世好　胡继礼　阚峻岭

中国水利水电出版社
www.waterpub.com.cn
·北京·

内 容 提 要

本书基于作者团队近几年的教学实践与研发经验，按照满足初学者对Python语言的需求进行编写。全书共12章，主要内容包括Python语言基础、结构化和面向对象程序设计、正则表达式、函数、文件、图形界面设计、网络程序设计、数据库、线程与进程、大数据技术等。

本书采用“案例驱动”的编写方式，以程序设计为中心，语法介绍精炼，内容叙述深入浅出、循序渐进，程序案例生动易懂，具有很好的启发性。每章均配备精心设计的习题。另外，本书所有程序配有视频讲解，教材配套提供题库及软件测试系统，可供平时练习、实验实训和课程测试之用。

本书既可以作为本专科院校Python语言程序设计课程的教材，也可以作为自学者的参考用书，同时可供各类考试人员复习参考。

本书提供电子教案和所有程序的源代码，读者可以从中国水利水电出版社网站免费下载，网址为：http://www.waterpub.com.cn/softdown/。

图书在版编目（CIP）数据

Python程序设计 / 丁亚涛主编 .—北京：中国水利水电出版社，2018.9（2024.1重印）
普通高等教育“十三五”规划教材

ISBN 978-7-5170-7005-4

Ⅰ.①P… Ⅱ.①丁… Ⅲ.①软件工具—程序设计—高等学校—教材 Ⅳ.①TP311.561

中国版本图书馆CIP数据核字（2018）第227297号

书　　名	普通高等教育“十三五”规划教材 Python程序设计 Python CHENGXU SHEJI
作　　者	主　编　丁亚涛 副主编　王世好　胡继礼　阚峻岭
出版发行	中国水利水电出版社 （北京市海淀区玉渊潭南路1号D座 100038） 网址：www.waterpub.com.cn E-mail：zhiboshangshu@163.com 电话：（010）62572966-2205/2266/2201（营销中心）
经　　售	北京科水图书销售有限公司 电话：（010）68545874、63202643 全国各地新华书店和相关出版物销售网点
排　　版	北京智博尚书文化传媒有限公司
印　　刷	三河市龙大印装有限公司
规　　格	185mm×260mm　16开本　15印张　362千字
版　　次	2018年9月第1版　2024年1月第5次印刷
印　　数	7401—8400册
定　　价	39.00元

前　言

preface

随着计算机技术的不断发展，高等教育的计算机教学一直在接受各种挑战，其中程序语言的选择也在不断变化之中。Python 语言作为一门新兴的语言受到用户广泛的关注和欢迎。很多高校陆续开设了 Python 程序设计课程，部分开设其他程序语言的课程也正在转向开设 Python 语言。

新的程序语言教学急需合适的教材。本书基于作者团队近几年的教学实践与研发经验，按照满足初学者对 Python 语言的需求编写而成。本书特色如下：

1. 立足基本语法

本书不求深度，但求实用，语法介绍立足基础、全面。书中很多案例都是经典实用的例子。“经典的就是最好的”，针对基础课程的教学来说更是如此。教材涉及到各种较为流行的技术，例如面向对象、大数据、爬虫、Web 开发、数据库技术等，虽然只是冰山一角，但指引和导向更为重要。

2. 重点自然突出

书中重要的知识点都作了重点介绍，并不回避难点，但强调“化难为易”，将难点、重点的掌握过程通过恰当的案例、注释和说明变得清晰而明了，从而减少对程序语言的畏难情绪，让读者感觉 Python 其实并不难学、Python 其实也很容易。对于选学内容，在标题前用 * 号标出。书中所有的代码都是精心设计的并都作了突出排版，所有案例都提供视频讲解，扫描对应的二维码即可在线观看。

3. 配附实训内容

本书第二部分是实训部分。作为一种新的尝试，本书将实训部分放在主教材之后，将理论学习和实训练习结合起来。

4. 配套练习题库及软件

参加编写的教师团队拥有十多年的考试系统开发和维护经验，在教材编写之前已经完成 Python 考试系统软件的开发，Python 的实验部分也在软件中实现，软件可以在练习之后自动生成电子的实验报告，这是本书的重要特色资源，也是目前大多数教材没有的。软件系统几乎包括命题、考务管理、成绩回收和分析统计等全部教学考试管理流程。

5. 资源导航

资源导航技术是解决资源即时共享的关键。本书在章节要点处标注了资源链接，方便读者快速访问资源。另外，关于 Python 重要的网络资源也都经过优送后呈现给读者。

本书由丁亚涛任主编，王世好、胡继礼、阚峻岭任副主编。王世好编写 1、2 章，束建华编写 3、4 章，胡继礼编写 5、6 章，谭红春编写第 8 章，方芳编写第 11 章，丁亚涛编写 7、9、10、12 章和配套软件部分，谷宗运编写实训部分，欧阳婷编写习题和课件部分，阚峻岭负责文前、部分章节的审校。参加本书编写工作的还有杞宁、程一飞、韩静、朱薇、马春、金力、孙大勇、蔡莉、李芳芳、俞磊、许欢庆等。在全书的策划和出版过程中，得到多所高校从事教学工作的同仁的关心和帮助，他们对本书提出了很多宝贵的建议，在此表示感谢。中国水利水电出版社的领导和编辑对本书的编写和出版给予了大力支持和统筹策划，在此一并表示感谢。

本书所配电子教案及相关教学资源可以从中国水利水电出版社网站下载。使用本书的学校也可以与作者联系（E-mail：yataoo@126.com），索取更多相关教学资源，特别是考试系统平台。另外，读者可以加入 QQ 群 301827415 进行学习和交流。

由于编者水平有限，书中不足之处在所难免，敬请广大读者批评指正。

编　者

2018 年 7 月

目 录

Contents

理论部分

实训部分

理论部分

第 1 章　Python 概述

扫一扫，看视频

学习目标

◎ 理解计算机语言及程序设计的基本概念
◎ 了解 Python 语言的形成、发展和基本特点
◎ 掌握 Python 语言的基本数据类型、运算符和表达式
◎ 掌握基本输入输出的方法
◎ 了解 Python 代码的编写规范
◎ 熟悉 Python 语言的编程环境

1.1　程序设计与 Python 语言

1.1.1　程序设计语言概述及程序设计的基本概念

程序设计语言是用于书写计算机程序的语言。语言的基础是一组记号和一组规则。按照规则由记号构成的记号串的总体就是语言。在程序设计语言中，这些记号串就是程序。

程序设计语言包括三大类：机器语言、汇编语言和高级语言。

机器语言是由二进制 0、1 代码指令构成，不同的 CPU 具有不同的指令系统。机器语言程序难编写、难修改、难维护，需要用户直接对存储空间进行分配，编程效率极低。这种语言已经渐渐被淘汰了。

汇编语言指令是机器指令的符号化，与机器指令存在着直接的对应关系，所以汇编语言同样存在难学难用、容易出错、维护困难等缺点。但是汇编语言也有自己的优点：可直接访问系统接口，汇编程序翻译成的机器语言程序的效率高。从软件工程角度来看，只有在高级语言不能满足设计要求，或不具备支持某种特定功能的技术性能（如特殊的输入输出）时，汇编语言才被使用。

机器语言和汇编语言统称为低级语言。

高级语言是接近自然语言的一种计算机程序设计语言，可以更容易地描述计算问题并利用计算机解决问题。高级语言包括 C、C++、Java、Python、SQL 等。

高级语言按照计算机执行方式的不同可分成两类：静态语言和脚本语言。静态语言采用编译方式执行，如 C 语言、Java 语言等；脚本语言采用解释方式执行，如 JavaScript 语言、PHP 语言等。

编译是将高级语言编写的源代码转换成目标代码，执行编译的计算机程序称为编译器。计算机可以立即或稍后运行这个目标代码。如图 1-1 所示展示了编译过程。

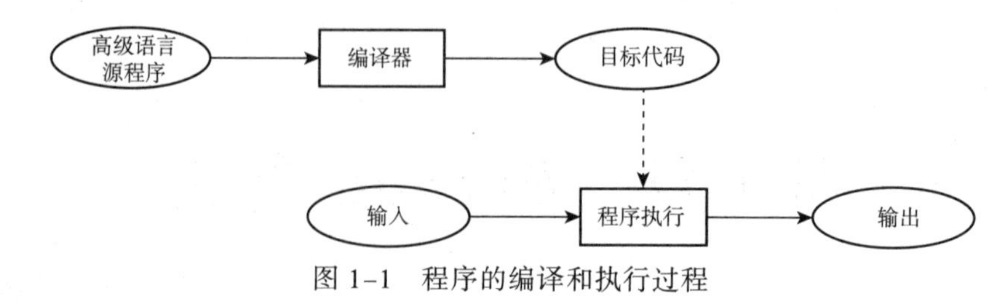

图 1-1　程序的编译和执行过程

解释是将高级语言编写的源程序逐条转换成目标代码的过程，执行解释的计算机程序称为解释器。如图 1-2 所示展示了解释过程。

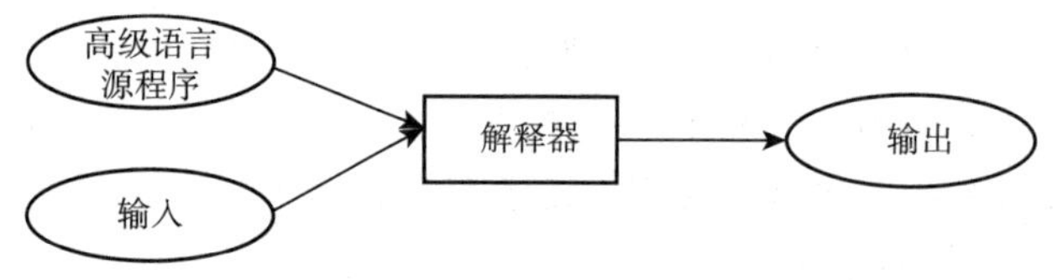

图 1-2　程序的解释和执行过程

编译和解释的区别在于，编译时一次性地将源程序转换成目标代码，一旦程序被编译，就不再需要编译程序或者源程序；解释则在每次程序运行时都需要解释器和源程序。

程序设计是用户根据具体的工作任务编写出能让计算机高效地完成该任务的程序的过程。程序设计一般包括以下几个部分：

（1）分析问题。对于接收的任务要进行认真分析，研究所给定的条件，分析最后应达到的目标，找出解决问题的规律，选择解题方法，完成实际问题。

（2）设计算法。即设计出解题的方法和具体步骤。

（3）编写程序。根据确定的算法，使用选择的计算机语言编写程序代码。

（4）运行程序，分析结果。运行可执行程序，得到运行结果。能得到运行结果并不意味着程序正确，要对结果进行分析，看它是否合理。不合理要对程序进行调试，即通过上机发现和排除程序中的故障。

（5）编写程序文档。许多程序是提供给别人使用的，如同正式的产品应当提供产品说明书一样，正式提供给用户使用的程序，必须向用户提供程序说明书。程序文档的内容应包括：程序名称、程序功能、运行环境、程序的装入和启动、需要输入的数据，以及使用时的注意事项等。

1.1.2　Python 语言的历史和发展

Python 是由 Guido van Rossum 在 20 世纪 80 年代末至 90 年代初，在荷兰国家数学和计算机科学研究所设计出来的。Python 从一种教学语言 ABC 发展起来，并受到了 Modula-3（另一种相当优美且强大的语言，为小型团体设计）的影响。并且结合了 Unix shell 和 C 语言的习惯。

Python 语言是开源项目的优秀代表，其解释器的全部代码都是开源的，可以在 Python 语言的主网站（https://www.python.org/）上自由下载。

1991 年，第一个 Python 编译器诞生；2000 年，Python 2.0 发布；到 2010 年，Python 2.x 系列发布了最后一个版本 2.7。Python 2.7 将于 2020 年 1 月 1 日终止提供支持。用户如果想要在这个日期之后继续得到与 Python 2.7 有关的支持，则需要付费给商业供应商。

2008 年，Python 3.0 发布，该版本在语法和解释器内部都做了很多改进，这些修改导致 3.x 系列版本无法向下兼容 Python 2.0 系列的既有语法。因此，所有基于 Python 2.0 系列版本编写的库函数都必须修改后才能被 Python 3.0 系列解释器运行。

1.1.3　Python 解释器

Python 规定了一个 Python 语法规则，实现了 Python 语法的解释程序就成为了 Python 的解释器。Python 是一种高级通用的脚本编程语言，虽然采用解释执行方式，但它的解释器也保留了编译器的部分功能，随着程序运行，解释器也会生成一个完整的目标代码。

Python 的解释器主要有：

（1）CPython（ClassicPython）：原始的 Python 实现，是 C 语言实现的 Python，是最常用的 Python 版本。

（2）Jython：原名 JPython，是 Java 语言实现的 Python，可以直接调用 Java 的各种函数库。

（3）PyPy：使用 Python 语言写的 Python 解释器。

另外还有 IronPython（面向 .NET 和 ECMA CLI 的 Python 实现）、ZhPy（支持使用繁 / 简中文语句编写程序的 Python 语言）等。

1.1.4　Python 语言的特点

Python 是一个高层次的结合了解释性、编译性、互动性和面向对象的脚本语言。具有以下典型的特点：

（1）易于学习。Python 有相对较少的关键字，结构简单，具有一个明确定义的语法，学习起来更加简单。

（2）易于阅读。Python 代码的定义更清晰。

（3）易于维护。Python 的成功在于它的源代码是相当容易维护的。

（4）一个广泛的标准库。Python 的最大优势是有丰富的库，可跨平台使用，在 UNIX、Windows 和 Macintosh 环境的兼容性很好。

（5）互动模式。互动模式的支持，可以从终端输入执行代码并获得结果的语言，可以互动地测试和调试代码片断。

（6）与平台无关性。作为脚本语言，Python 程序可以在任何安装解释器的计算机环境中执行，Python 已经被移植到许多平台。

（7）可扩展。如果需要一段运行很快的关键代码，或者是想要编写一些不愿开放的算法，可以使用 C 或 C++ 完成那部分程序，然后从 Python 程序中调用。

（8）数据库。Python 提供所有主要的商业数据库的接口。

1.2　安装与使用

Python 是一种跨平台的编程语言，这意味着它能够运行在所有主要的操作系统中。在安装了 Python 的计算机上，都能够运行 Python 程序。然而，在不同的操作系统中，安装 Python 的方法存在细微的差别。本书以 Python 3.6 版本为示例来讲述 Python 的安装。需要注意的是：除了 Python 的安装以外，对于不同的操作系统，如 Windows、Unix、Linux，本书的内容都是适用的。

1.2.1 安装 Python 解释器

Python 语言的解释器可以在 Python 语言的主网站下载，网址如下：

```
https://www.python.org/downloads/
```

1. Windows 下安装

选择 Downloads 菜单的 Windows 项，然后在列表中选择合适自己的版本并下载。双击所下载的程序安装 Python 解释器，然后出现如图 1-3 所示的引导过程。在该页面中，选中 Add Path 3.6 to PATH 复选框，这样能够更轻松地配备系统。

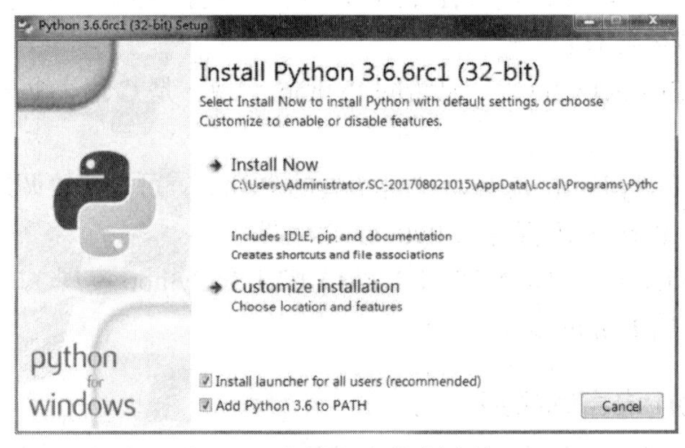

图 1-3　安装程序的启动界面

读者也可以手工添加搜索路径。依次单击打开“系统属性 -> 高级 -> 环境变量”对话框，在用户变量或系统变量的 path 中添加 Python 安装路径，例如 C:\Python，如图 1-4 所示。

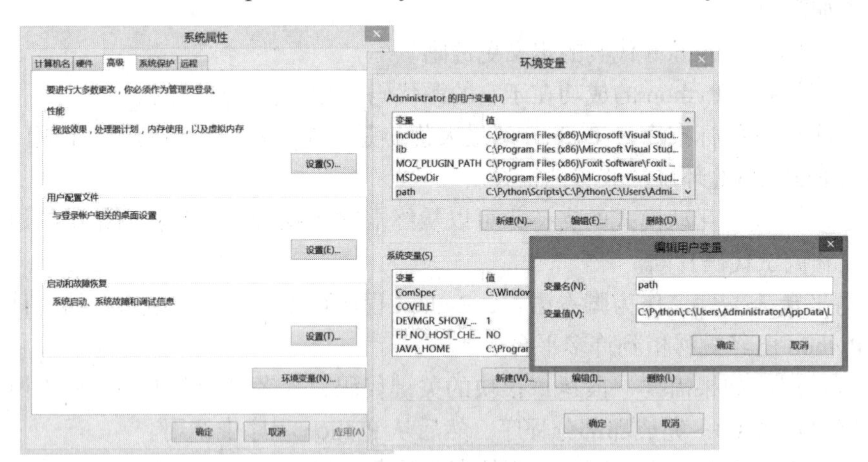

图 1-4　手工添加路径

Python 系统内置几个重要的环境变量，如表 1-1 所示。

表 1-1　Python 环境变量

变量名	描　述
PYTHONPATH	Python 搜索路径
PYTHONSTARTUP	Python 启动后，先寻找 PYTHONSTARTUP 环境变量，然后执行此变量指定的文件中的代码

续表

变量名	描 述
PYTHONCASEOK	加入 PYTHONCASEOK 的环境变量，就会使 Python 导入模块的时候不区分大小写
PYTHONHOME	另一种模块搜索路径。它通常内嵌于 PYTHONSTARTUP 或 PYTHONPATH 目录中，使得两个模块库更容易切换

2. Unix 与 Linux 下安装

几乎所有的 Linux 发行版中都预装了 Python 语言，如果需要安装的话，可参考下面的步骤：

打开 WEB 浏览器访问 https://www.python.org/downloads/source/，选择适用于 Unix/Linux 的源码压缩包。下载及解压压缩包，例如：

```
tar -xvzf  Python-3.6.4.tgz
```

如果需要自定义一些选项可修改文档 Modules/Setup。

- 执行 ./configure 脚本
- 执行 make
- 执行 make install

执行以上操作后，Python 会安装在 /usr/local/bin 目录中，Python 库安装在如下位置：

```
/usr/local/lib/pythonXX
```

XX 为 Python 的版本号。

安装完成之后要简单做一下配置：将 Python 库路径添加到 /etc/ld.so.conf 配置中，然后执行 ldconfig 使其生效；或者添加到 $LD_LIBRARY_PATH 中。

Python 安装包将在系统中安装一批与 Python 开发和运行有关的程序，其中最重要的两个是 Python 命令行和 Python 集成开发环境（IDLE）。

3. 安装 pip

运行 Python 时会经常需要安装第三方库文件，常用的方法是用 pip 来安装，如果没有 pip 的话，可以先安装 pip，安装的方法和步骤如下：

（1）下载 pip，地址为：https://pypi.python.org/pypi/pip#downloads。

（2）解压，例如解压到 C:\pip。

（3）在 Windows 命令行运行如下命令：

```
python c:\pip\setup.py install
```

1.2.2 使用 Python

对于初学者，Python 的使用在不同操作系统下的差别并不大。因此，本书的介绍以 Windows 操作系统下为主。

Python 程序的运行有两种方式：交互式和文件式。

1. 交互式启动和运行方法

第一种方法，启动 Windows 操作系统的命令行工具，单击“开始”按钮，在“开始”菜单的“搜索程序和文件”框中输入“cmd”命令，在出现的控制台中输入“Python”并回车，出现如图 1-5 所示的界面。

```
管理员: C:\Windows\system32\cmd.exe - python
Microsoft Windows [版本 6.1.7601]
版权所有 (c) 2009 Microsoft Corporation。保留所有权利。

C:\Users\Administrator.SC-201708021015>python
Python 3.6.6rc1 (v3.6.6rc1:1015e38be4, Jun 12 2018, 07:51:23) [MSC v.1900 32 bit
 (Intel)] on win32
Type "help", "copyright", "credits" or "license" for more information.
>>> print("Hello World")
Hello World
>>>
```

图 1-5　通过命令行启动交互式 Python 运行环境

在命令提示符 >>> 后面可以输入 Python 代码，例如，输入如下程序代码：

```
print("Hello World")
```

按回车键后显示如下结果：

```
Hello World
```

第二种方法，运行“开始”菜单中“所有程序”中 Python 的 IDLE。如图 1-6 所示的界面展示了 IDLE 环境中运行 print("Hello World") 程序的效果。

```
Python 3.6.6rc1 Shell
File  Edit  Shell  Debug  Options  Window  Help
Python 3.6.6rc1 (v3.6.6rc1:1015e38be4, Jun 12 2018, 07:51:23) [MSC v.1900 32 bit
 (Intel)] on win32
Type "copyright", "credits" or "license()" for more information.
>>> print("Hello World")
Hello World
>>>
                                                              Ln: 5  Col: 4
```

图 1-6　通过 IDLE 启动交互式 Python 运行环境

2. *文件式启动和运行方法*

第一种方法，按照 Python 的语法格式，在任意编辑器中编写代码，并保存为扩展名为 .py 的文件。例如在 Windows 的记事本中输入程序代码 print("Hello World")，并以文件名 1-1.py 保存。然后打开 Windows 的命令行（cmd.exe），进入 1-1.py 文件所在的文件夹，并运行该文件将获得输出结果，如图 1-7 所示。

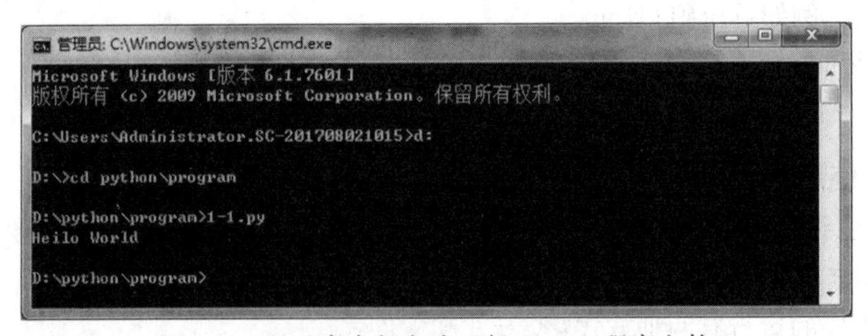

图 1-7　通过命令行方式运行 Python 程序文件

第二种方法，打开 IDLE，在菜单中选择 File 菜单的 New File 选项，将出现一个具备 Python 语法高亮辅助的编辑器的新窗口，可以进行程序代码编辑，但是该窗口不是交互模式。例如，输入程序代码 print("Hello World")，并保存为 1-2.py 文件，如图 1-8 左图所示。

按 F5 键或选择 Run 菜单的 Run Module 选项运行该文件，结果如图 1-8 右图所示。

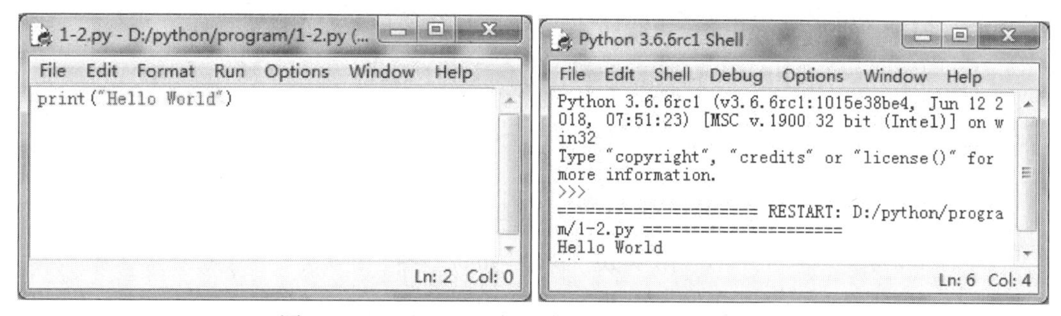

图 1-8　通过 IDLE 编写并运行 Python 程序文件

同样，在其他编辑环境中也可以通过打开文件来直接运行程序，例如下面要介绍的 PyCharm。

1.2.3　使用 PyCharm

1. PyCharm 简介

PyCharm 是由 JetBrains 打造的一款 Python IDE，带有一整套可以帮助用户在使用 Python 语言开发时提高效率的工具，比如调试、语法高亮、Project 管理、代码跳转、智能提示、自动完成、单元测试、版本控制。此外，该 IDE 提供了一些高级功能，以用于支持 Django 框架下的专业 Web 开发。PyCharm 可以到其官网 https://www.jetbrains.com/pycharm/ 下载和安装。

2. 在 PyCharm 中运行 Python 程序

（1）创建工程。启动 PyCharm 后，选择 File 菜单的 New Project 命令，在弹出的窗口中选择 Pure Python，在 Location 处给出工程路径，然后单击 Create 按钮创建一个新的工程，如图 1-9 所示。

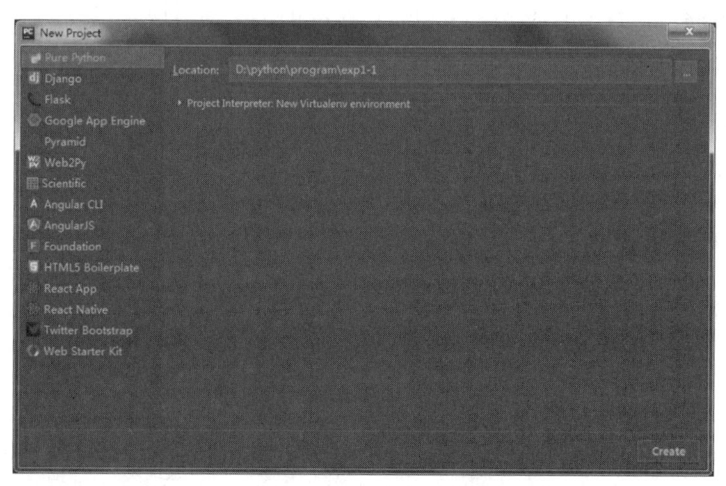

图 1-9　在 PyCharm 中创建新工程界面

另外，首次启动 PyCharm，在启动界面中选择 Create New Project 选项，也可以创建一个新的工程。

（2）创建 Python 文件。右击项目，选择 New->Python File 命令，弹出如图 1-10 所示的对话框，输入文件名，单击 OK 按钮，进入编写程序窗口。

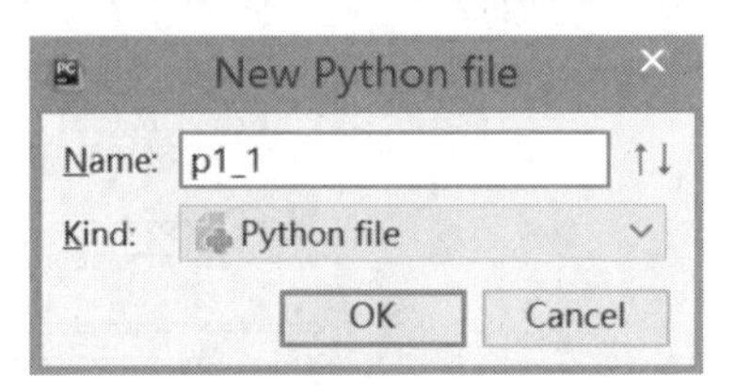

图 1-10　新建 Python 文件

（3）编写并运行代码。当程序编写完成之后，在程序窗口右击鼠标，选择 Run 命令运行程序，或者按 Shift+Alt+F10 快捷键运行程序，结果如图 1-11 所示。

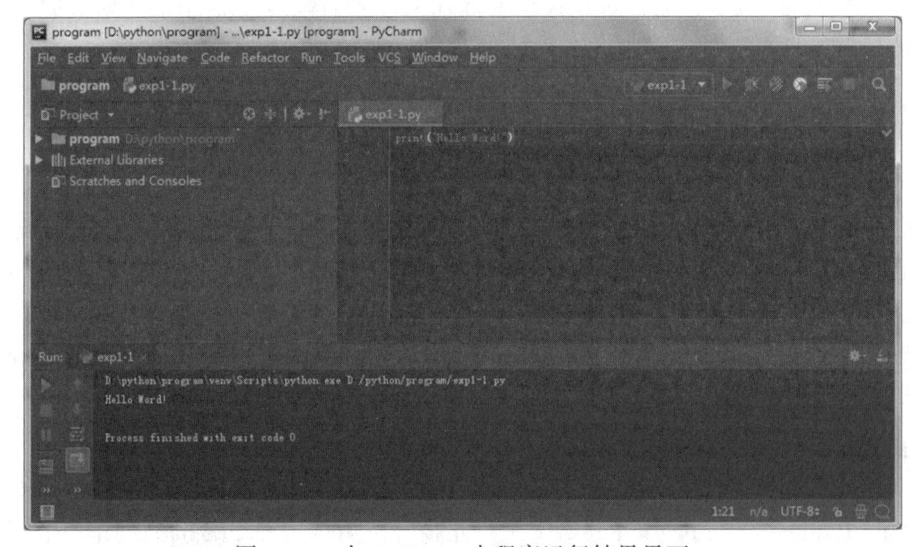

图 1-11　在 PyCharm 中程序运行结果界面

另外，可以通过选择 File 菜单的 Settings 命令进行各项设置。

PyCharm IDE 具有非常友好的操作体验，建议读者尽量使用该软件环境编辑调试本书中的案例程序。

3. 调试程序

单击工具栏的按钮或者选择菜单 Run/Debug 命令或者按组合键 Alt+Shift+F9 进入调试状态。

扫一扫，看视频

调试状态将显示工具条，如图 1-12 所示。

图 1-12　PyCharm 中的 Debug 工具条

调试方式分为 Step Over（F8）、Step Into（F7）、Step Into My Code（Alt+Shift+F7）。

另外也经常在调试过程中中断或者直接运行到断点，如 Step Out（Shift+F8）、Run To Cursor（Alt+F9），设置取消断点（Ctrl+F8）等。

图 1-13 的界面是调试过程中的状态，调试方式选择 Step Into My Code，系统自动跟踪变量 i 和 s 的值，并显示在 Watch 窗口中。在 Watch 窗口中也可以增加观测表达式，例如

增加 i<100。

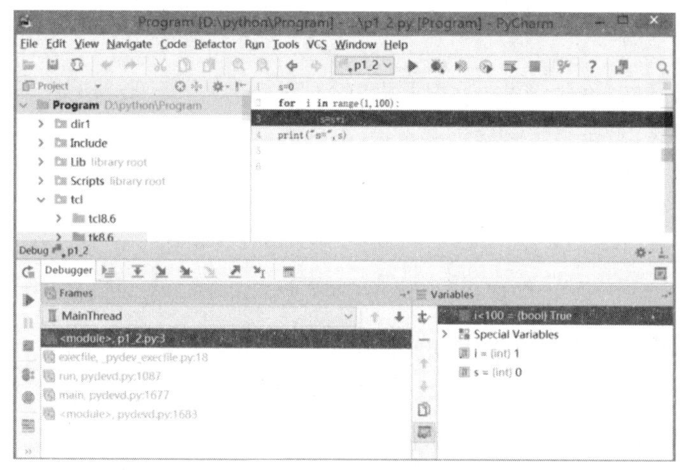

图 1-13 Debug 状态图

4. PyCharm 问题

更新 pip 之后，PyCharm 安装 Package 若出现报错：module 'pip' has no attribute 'main'，请打开安装目录下的 helpers/packaging_tool.py 文件，找到如下代码：

```
def do_install(pkgs):
    try:
        import pip
    except ImportError:
        error_no_pip()
    return pip.main(['install'] + pkgs)
def do_uninstall(pkgs):
    try:
        import pip
    except ImportError:
        error_no_pip()
    return pip.main(['uninstall', '-y'] + pkgs)
```

修改如下，之后保存：

```
def do_install(pkgs):
    try:
        # import pip
        try:
            from pip._internal import main
        except Exception:
            from pip import main
    except ImportError:
        error_no_pip()
    return main(['install'] + pkgs)
def do_uninstall(pkgs):
```

```
    try:
        # import pip
        try:
            from pip._internal import main
        except Exception:
            from pip import main
    except ImportError:
        error_no_pip()
    return main(['uninstall', '-y'] + pkgs)
```

*1.2.4 同时安装多个 Python 版本

由于 Python 2 和 Python 3 存在巨大差异，调试程序时可能有同时安装两个版本的需求，实践证明这也是可以实现的，关键步骤包括：

（1）下载安装 Python 2 和 Python 3 到不同的目录，例如：C:\Python27 和 C:\Python36。

（2）分别添加搜索路径。Python 2 添加 C:\Python27 和 C:\Python27\Scripts，Python 3 添加 C:\Python36 和 C:\Python36\Scripts。

（3）修改主程序名。复制 C:\Python27\Python.exe 并改名为 C:\Python27\Python2.exe，复制 C:\Python36\Python.exe 并改名为 C:\Python27\Python3.exe。这样，在 cmd 里输入 python 2 或 python 3 将启动不同版本的 Python，当然创建两个快捷方式更好。

（4）同样的方法处理 pip 程序，改名为 pip2.exe 和 pip3.exe，就可以分别安装不同版本 Python 的库了。

（5）在 PyCharm 中选择 Python 版本的方法是在创建项目时进行，打开 File/Default Settings/Project Interpreter，在右侧界面的设置图标处单击 Add Local，然后选择 Python 2 或者 Python 3 的可执行文件（python.exe）目录。

具体操作请查阅相关文献。

当然，有些库的安装会有问题，请尽量采用单一的版本。本书以 Python 3.6 为平台，若读者需要调试其他低版本的程序，请尽量用修改程序的方法实现。本书的附录 A 列出了 Python 2 和 Python 3 的主要区别，供读者修改时参考。新的版本中增加修改的部分会在课件中加以说明，如 Python3.8 增加的运算符“:=”、赋值表达式等。

1.3 基础知识

1.3.1 对象模型

Python 中的对象是所有数据的抽象。所有 Python 程序中的值都由对象或者对象之间的关系表示。

Python 对象的特性包括：

（1）identity。Python 中每个对象有唯一的标识 identity，一个对象的标识在对象被创建后不再改变。可以认为对象的 identity 是对象在内存中的地址，其值可以由内置函数 id() 求得。is 操作符可以比较两个对象的 identity 是否相同，即两个对象是否是同一个。

（2）type。type 是对象的类型，决定了对象保存值的类型、可以执行的操作，以及所遵循的规则。可以使用内置函数 type() 查看一个对象的类型。因为 Python 中一切皆是对象，type() 函数返回的也是对象，而不是简单的字符串。

（3）value。value 是对象表示的数据。值是可变的，值可变的对象称为 mutable 对象，值一经创建不可再变的对象称为 immutable 对象。一个对象的可变性由其类型决定，例如：数字、字符串和元组是不可变的，而字典是可变的。

1.3.2　基本数据类型

这里先介绍几个基本的数据类型，其他类型将在后面陆续介绍。

1. 数字类型

表示数字或数值的数据类型称为数字类型，用于存储数值。Python 语言提供了 3 种数字类型：整数、浮点数和复数。

（1）整数类型。整数类型共有 4 种进制表示：二进制、十进制、八进制和十六进制。各种进制表示的引导符号如表 1-2 所示。

表 1-2　整数的 4 种类型

进制种类	引导符号	说明
十进制	无	默认情况，例如，123，-18
二进制	0b 或 0B	例如，0b1101，0B1001
八进制	0o 或 0O	例如，0o624，0O707
十六进制	0x 或 0X	例如，0x9bd，0X6Acf

整数类型理论上的取值范围是 [-∞，+∞]，实际上的取值范围受限于计算机内存大小，一般认为整数类型没有取值范围的限制。

（2）浮点数类型。浮点数类型代表数学中的实数，表示带有小数的数值，浮点数必须带有小数，小数可以是 0。浮点数有两种表示方法：十进制表示和科学计数法表示。例如：

```
1.0  7.07  -3.14  8.9e4  3.4e-2  7.9E3
```

注意：浮点数 0.0 与整数 0 的值相同，但它们在计算机内部的表示不同。

（3）复数类型。复数类型表示数学中的复数。Python 语言中，复数的虚数部分通过后缀“j”和“J”来表示，例如，11.2+3j 和 -3.6+8J。

复数类型的实数部分和虚数部分的数值都是浮点类型。对于复数 z，可以用 z.real 和 z.imag 分别获得它们的实数部分和虚数部分，例如：

```
>>> z=12.3+4j
>>> z.real
12.3
>>> z.imag
4.0
```

2. 字符串类型

字符串是一个字符序列，可以由一对单引号（'）、双引号（"）或三引号（'''）构成。其中，单引号和双引号都可以表示单行字符串。使用单引号时，双引号可以作为字符串的一部分；使用双引号时，单引号可以作为字符串的一部分。三引号可以表示单行或多行字符串。

Python 字符串包括两种序号体系：正向递增序号和反向递减序号。正向递增以最左侧字符序号为 0，向右依次递增，反向递减序号以最右侧字符序号为 -1，向左依次递减。这两种序号体系可以同时使用。

Python 字符串同时还提供区间（切片）访问方式，采用 [M:N] 格式，表示从第 M 到第 N-1 的子字符串，如果 M 或 N 缺省，则表示字符串把开始或结束序号设为默认值。

注意：字符串中的英文字符和中文字符都算 1 个字符。

```
>>> print('Python程序设计')
Python程序设计
>>> print("I'm a teacher")
I'm a teacher
>>> s='Python程序设计'
>>> s[2]
't'
>>> s[-1]
'计'
>>> s[6:8]
'程序'
>>> s[6:]
'程序设计'
```

反斜杠（\）是一个特殊字符，表示专用于转义，即该字符与后面的一个字符共同组成了新的含义。其中 \n 表示换行，\\ 表示反斜杠，\' 表示单引号，\" 表示双引号，\t 表示制表符。例如：

```
>>> print('Python\n程序设计')
Python
程序设计
```

3. 布尔值

布尔值和布尔代数的表示完全一致，一个布尔值只有 True、False 两种值。

4. 空值

空值是 Python 中一个特殊的值，用 None 表示。None 不能理解为 0，因为 0 是有意义的，而 None 是一个特殊的空值。

1.3.3 数据类型转换

当不同类型的数据在一起混合运算时，可能需要对数据内置的类型进行转换，有时候可以由系统自动转换，例如 1+1.0，是整型和实型混合运算，系统自动将整型转换为实型，结果为实型。

```
x = 1 + 1.0
print(type(x))   # type函数输出对象的类型
```

结果为：

```
<class 'float'>
```

有时候可以通过函数转换，又称作强制转换。Python 通常包括表 1-3 中列出的数据类型转换函数。

表1-3　数据类型转换函数

函数	功能
int(x [,base])	将 x 转换为一个整数
long(x [,base])	将 x 转换为一个长整数
float(x)	将 x 转换为一个浮点数
complex(real [,imag])	创建一个复数
str(x)	将对象 x 转换为字符串
repr(x)	将对象 x 转换为表达式字符串
eval(str)	计算在字符串中的有效 Python 表达式，并返回一个对象
tuple(s)	将序列 s 转换为一个元组
list(s)	将序列 s 转换为一个列表
set(s)	转换为可变集合
dict(d)	创建一个字典。d 必须是一个序列 (key,value) 元组
frozenset(s)	转换为不可变集合
chr(x)	将一个整数转换为一个字符
ord(x)	将一个字符转换为它的整数值
hex(x)	将一个整数转换为一个十六进制字符串
oct(x)	将一个整数转换为一个八进制字符串

1.3.4　常量、变量、运算符与表达式

1. 常量

常量是内存中用于保存固定值的单元，在程序中常量的值不能发生改变。Python 中没有命名常量，也就是说不能像 C 语言那样给常量起一个名字。

Python 常量包括数字、字符串、布尔值、空值，例如：

```
2018   7.8   "this is string"   True
```

2. 变量

变量是内存中命名的存储位置，与常量不同的是，变量的值是可以动态变化的。

Python 中变量的命名规则如下：

（1）变量名字的第 1 个字符必须是字母、汉字或下划线（ _ ）；

（2）变量名字的第 1 个字符后可以由字母、下划线（ _ ）、数字或汉字组成；

（3）变量名字区分大小写。

Python 的变量不需要声明，可以直接使用赋值运算符对其进行赋值操作，根据所赋的值来决定其数据类型；Python 中的关键字不能用于变量命名。

Python 的关键字可以通过下面的语句获取：

```
import keyword
print(keyword.kwlist)
```

运行后显示：

```
['False', 'None', 'True', 'and', 'as', 'assert', 'break', 'class', 'continue', 'def',
'del', 'elif', 'else', 'except', 'finally', 'for', 'from', 'global', 'if', 'import', 'in',
```

```
'is', 'lambda', 'nonlocal', 'not', 'or', 'pass', 'raise', 'return', 'try', 'while', 'with',
'yield']
```

每个变量在使用前都必须赋值，变量赋值以后该变量才会被创建。

Python 中变量的赋值通过赋值运算符（=）来实现，格式如下：

```
变量名=表达式
```

可以将赋值运算符右边的表达式的计算结果赋值给左边的变量，例如：

```
>>> a=100
>>> a
100
>>> b=a+18
>>> b
118
```

Python 也允许同时为多个变量赋值（包括为多个变量赋不同类型的值），例如：

```
>>> a=b=c=10
>>> print(a,b,c)
10 10 10
>>> x,y,z=6,"Hello",7.8
>>> print(x,y,z)
6 Hello 7.8
```

3. 运算符与表达式

Python 运算符包括赋值运算符、算术运算符、关系运算符、逻辑运算符、位运算符、成员运算符和身份运算符。

表达式是将不同类型的数据（常量、变量、函数）用运算符按照一定的规则连接起来的式子。

（1）算术运算符与算术表达式。Python 提供的算术运算符如表 1-4 所示。

表 1-4　算术运算符

运算符	描　述
+	a+b，表示 a 与 b 的和
-	a-b，表示 a 与 b 的差
*	a*b，表示 a 与 b 的积
/	a/b，表示 a 除以 b
%	a%b，表示 a 除以 b 的余数，即模运算
**	a**b，表示 a 的 b 次幂
-	-a，表示 a 的负数
+	+a，表示 a 本身
//	a//b，表示 a 与 b 的整数商，即不大于 a 与 b 的商的最大整数

数值运算符的使用实例如下：

```
>>> x,y=5,3
>>> print(x+y)
8
>>> print(x-y)
```

```
2
>>> print(x*y)
15
>>> print(x/y)
1.6666666666666667
>>> print(-x//y)
-2
>>> print(x//y)
1
>>> print(x%y)
2
>>> print(x**y)
125
```

（2）字符串运算符与字符串表达式。Python 提供的字符串运算符如表 1-5 所示。

表 1-5 字符串运算符

运算符	描 述
+	a+b，连接两个字符串 a 与 b
*	a*n 或 n*a，表示复制 n 次字符串 a
in	成员运算符，x in s，如果 x 是 s 的子串，返回 True，否则返回 False
not in	成员运算符，x not in s，如果 x 不是 s 的子串，返回 True，否则返回 False
[position]	获取字符串中指定索引位置的字符
[start:end]	切片运算符，截取字符串中的一部分，从索引位置 start 开始到 end 结束，但不包括 end 位置
r/R	指定原始字符串，原始字符串是指所有的字符串都是直接按照字面意思使用，没有转义字符、特殊字符或不能打印的字符。使用方法是在原始字符串的第一个引号前加字母 "r" 或 "R"

字符串运算符的使用实例如下：

```
b = "Hello "
>>> a = b + "World!"
>>> print(a)
Hello World!
>>> print(a*2)
Hello World!Hello World!
>>> print(b[0:4])
Hell
>>> print("H" in a)
True
>>> print("h" not in a)
True
>>> print(r"Hello \n World!")
Hello \n World!
```

（3）比较（关系）运算符与比较表达式。Python 提供的比较运算符如表 1-6 所示。

表 1-6　比较运算符

运算符	描　述
==	a=b，如果 a 等于 b，返回 True，否则返回 False
!=	a!=b，如果 a 不等于 b，返回 True，否则返回 False
>	a>b，如果 a 大于 b，返回 True，否则返回 False
<	a<b，如果 a 小于 b，返回 True，否则返回 False
>=	a>=b，如果 a 大于或等于 b，返回 True，否则返回 False
<=	a<=b，如果 a 小于或等于 b，返回 True，否则返回 False

比较运算符的使用实例如下：

```
>>> a,b,c=3,2,2
>>> print(a==b)
False
>>> print(a!=b)
True
>>> print(a>b)
True
>>> print(b<=c)
True
```

（4）Python 逻辑运算符与逻辑表达式。Python 的逻辑运算符如表 1-7 所示。

表 1-7　逻辑运算符

运算符	描　述
and	x and y，如果 x 被当作 False，不计算 y 的值，直接返回 x，否则返回 y
or	x or y，如果 x 被当作 True，不计算 y 的值，直接返回 x，否则返回 y
not	not x，如果 x 被当作 True，返回 False，如果 x 被当作 False，返回 True

说明：Python 中，数字、字符串、列表等都能参与逻辑运算。0、空字符串和空列表等当作 False；而非空值当作 True。

逻辑运算符的使用实例如下：

```
>>> a,b,c=4,2,0
>>> print(a>b and b>c)
True
>>> print(a<b or b>c)
True
>>> print(not a>b)
False
```

（5）赋值运算符。Python 除了简单赋值运算符“=”之外，还提供了如表 1-8 所示的复合赋值运算符。

表 1-8　赋值运算符

运算符	描　述
+=	加法赋值运算符，c+=a ，等效于 c=c+a

续表

运算符	描　述
-=	减法赋值运算符，c-= a，等效于 c=c-a
*=	乘法赋值运算符，c*= a，等效于 c=c*a
/=	除法赋值运算符，c/= a，等效于 c=c/a
%=	取模赋值运算符，c%=a，等效于 c=c%a
**=	幂赋值运算符，c**=a，等效于 c=c**a
//=	取整除赋值运算符，c//=a，等效于 c=c//a

（6）位运算符。位运算符是把数字看作二进制进行计算的。Python 中的位运算符如表 1-9 所示。

表 1-9　位运算符

运算符	描　述
&	按位与运算符：参与运算的两个值，如果两个相应位都为 1，则该位的结果为 1，否则为 0
|	按位或运算符：只要对应的两个二进制位有一个为 1 时，结果就为 1
^	按位异或运算符：当两个对应的二进制位相异时，结果为 1
~	按位取反运算符：对数据的每个二进制位取反，即把 1 变为 0，把 0 变为 1。~x 类似于 -x-1
<<	左移动运算符：运算数的各个二进制位全部左移若干位，由 << 右边的数字指定移动的位数，高位丢弃，低位补 0
>>	右移动运算符：把“>>”左边的运算数的各二进制位全部右移若干位，“>>”右边的数字指定了移动的位数

下面的程序演示了位运算符的功能。

```
a = 0b00111100
b = 0b00001101
print(bin(a & b))
print(bin(a | b))
print(bin(a ^ b))
print(bin(a << 1))
print(bin(a >> 2))
print(bin(~a))
```

输出结果如下：

```
0b1100
0b111101
0b110001
0b1111000
0b1111
-0b111101
```

（7）Python 身份运算符。身份运算符用于比较两个对象的存储单元，如表 1-10 所示。

表 1-10　身份运算符

运算符	描　述
is	判断两个标识符是否引用自一个对象，例如：x is y，类似 id(x) == id(y) 。如果引用的是同一个对象则返回 True，否则返回 False
is not	判断两个标识符是否引用自不同对象，例如：x is not y，类似 id(x) != id(y)。如果引用的不是同一个对象则返回 True，否则返回 False

观察下面程序的运行结果：

```
a = 100
b = a
print(b is a)
print(b == a)
print(b is not a)
print(b != a)

a = 1
b = 1.0
print(b is a)
print(b == a)
print(b is not a)
print(b != a)
```

运行结果：

```
True
True
False
False
False
True
True
False
```

注意：is 与 == 的区别，is 用于判断两个变量的引用对象是否为同一个，== 用于判断引用变量的值是否相等。

本节介绍的运算符优先级，从高到低的顺序如表 1-11 所示。

表 1-11　部分运算符的优先级

运算符	描　述
**	指数 (最高优先级)
+，-，~	正号，负号，按位求反
*，/，%，//	乘，除，取模和取整除
+，-	加法，减法
>>，<<	按位右移，左移
&	按位与

续表

运算符	描 述
^, |	按位异或、或运算符
<=, <, >, >=	比较运算符
==, !=	等于运算符
=, %=, /=, //=, -=, +=, *=, **=	赋值运算符
is, is not	身份运算符
in, not in	成员运算符
not, or, and	逻辑运算符

注：圆括号 () 可以改变优先级，并优先计算 () 中的表达式。

1.3.5 内置函数

Python 内置了一系列的常用函数，以便于编程使用。Python 的内置函数就是 Python 标准库中的函数。常用的内置函数如表 1-12 所示。

表 1-12 Python 的部分内置函数

函 数	描 述
abs(x)	返回 x 的绝对值
max(x1,x2,...)	返回给定参数的最大值，参数可以为序列
min(x1,x2,...)	返回给定参数的最小值，参数可以为序列
pow(x,y)	返回 x**y 运算后的值
round(x[,n])	返回浮点数 x 的四舍五入值，如给出 n 值，则代表舍入到小数点后的位数
int()	返回 x 的整数部分
str(x)	返回 x 的字符串格式
chr(x)	返回整数 x 对应的 Unicode 字符
ord(x)	返回 Unicode 字符 x 对应的整数
eval(x)	返回字符串表达式 x 的计算结果，即将字符串 x 转变成 Python 语句并执行该语句
type(x)	返回 x 的类型

常用内置函数的举例如下：

```
>>> abs(-2)
2
>>> max(3,-5,6,1)
6
>>> min(3,-5,6,1)
-5
>>> pow(2,3)
```

```
8
>>> round(4.5678)
5
>>> round(4.5678,2)
4.57
>>> int(4.9)
4
>>> a=str(123)
>>> type(a)
<class 'str'>
>>> chr(65)
'A'
>>> ord('D')
68
>>> eval("12.34")
12.34
>>> x=eval("12.34")
>>> type(x)
<class 'float'>
>>> x=3
>>> eval("x+7")
10
```

1.3.6 基本输入输出

1. input() 函数

input() 函数的语法格式：

```
<变量>=input([提示信息])
```

说明：该函数让程序暂停执行，等待用户输入，无论用户输入什么内容，都以字符串类型返回结果，并将结果赋值给变量。其中，“提示信息”是可选项。例如：

```
>>> name=input("请输入姓名:")
请输入姓名:刘旭
>>> name
'刘旭'
```

需要注意的是当输入数字时，返回的结果是数字字符串，可以使用 eval() 函数将其转换成数值。

```
>>> age=input("请输入年龄")
请输入年龄20
>>> age+1
Traceback (most recent call last):
  File "<pyshell#4>", line 1, in <module>
    age+1
TypeError: must be str, not int
```

```
>>> age=eval(input("请输入年龄"))
请输入年龄20
>>> age+1
21
```

2. print() 函数

该函数用于将对象打印输出，其语法格式：

```
print(*objects, sep=' ', end='\n',file=sys.stdout,flush=False)
```

说明：objects表示可以一次输出多个对象。输出多个对象时，需要用（,）分隔；命名参数sep确定多个输出对象的分隔符，默认值是一个空格；命名参数end用来确定输出结果以什么结尾，默认值是换行符（\n），可以换成其他字符串；命名参数file确定往哪里输出，默认是sys.stdout；命名参数flush确定输出是否使用缓存（默认为False）。

```
>>> print(1,2,3)
1 2 3
>>> print(1,2,3,sep = '+')
1+2+3
>>> print(1,2,3,sep = '+',end = '=?')
1+2+3=?
```

关于print()函数将在后续章节中详细介绍。

*1.3.7 关于JSON

JSON (JavaScript Object Notation) 是一种轻量级的数据交换格式，是基于ECMAScript的一个子集，在Python的编程中会经常遇到。

Python3中可以使用json模块来对JSON数据进行编码和解码，它包含两个函数：

- json.dumps()：对数据进行编码。
- json.loads()：对数据进行解码。

在JSON的编解码过程中，Python的原始类型与JSON类型会相互转换。

JSON的数据类型有：object、array、string、int、real、true、false、null，与Python的类型对应关系为：dict、list、str、int、float、True、False、None。

Python的tuple类型也可以转换为JSON的array类型。

导入json模块的方法如下：

```
import  json
```

1.4 Python代码的编写规范

使用好的代码编写规范，将会使程序易于阅读。下面介绍基本的Python代码的编写规范。

1.4.1 换行

1. 使用反斜杠（\）换行

二元运算符应出现在行末。长字符串也可以用此法换行。例如：

```
session.query(MyTable).\
    filter_by(id=1).\
```

```
    one()
print('Hello, \
        %s %s!' % \
      ('Harry', 'Potter'))
```

2. 括号内换行

Python 支持括号内的换行。这时有两种情况。

（1）第二行缩进到括号的起始处。

```
foo = long_function_name(var_one, var_two,
                         var_three, var_four)
```

（2）第二行缩进 4 个空格，适用于起始括号就换行的情形。

```
foo = long_function_name(
      var_one, var_two, var_three,
      var_four)
```

3. if/for/while 一定要换行

正确的写法：

```
if foo == 'blah':
    do_blah_thing()
```

不推荐的写法：

```
if foo == 'blah': do_blash_thing()
```

1.4.2 缩进

对于 Python 而言，代码缩进是一种语法，Python 没有像其他语言一样采用 {} 或者 begin...end 分隔代码块，而是采用代码缩进和冒号来区分代码之间的层次。缩进的空白数量是可变的，但是所有代码块语句必须包含相同的缩进空白数量，这个必须严格执行。

每个缩进层级使用 4 个空格，不建议使用制表符，更不要混合使用制表符和空格符，因为这在跨越不同平台的时候无法正常工作。例如：

```
if x >0:
print( "Test")
print("Hello,world")
```

print("Test") 和 print("Hello,world") 前面有 4 个空格的缩进。通过缩进，Python 识别出这两个语句是隶属于 if。

1.4.3 注释

1. 行尾注释

在一行代码后加注释，以 # 号开头。例如：

```
x = x + 1  # Increment x
```

2. 单行注释

单独占一行，以 # 号开头。例如：

```
# Increment x
x = x + 1
```

3. 多行注释

一般位于一段代码前，多行注释用三个单引号 ''' 或者三个双引号 """ 将注释内容括起来，例如：

```
"""
这是多行注释,用三个双引号
这是多行注释,用三个双引号
"""
print("Hello, World!")
```

1.4.4　空行

Python 脚本中经常插入空行，PyCharm 中 Reformat Code 的功能也会自动插入空行。空行主要用于函数之间或类的方法之间的分隔，表示一段新的代码开始。类和函数入口之间也用一行空行分隔，以突出函数入口的开始。

空行与代码缩进不同，空行并不是 Python 语法的一部分。书写时不插入空行，Python 解释器运行也不会出错。但是空行的作用在于分隔两段不同功能或含义的代码，便于日后代码的维护或重构。

空行增加了程序的可读性，空行也是程序代码的一部分。

习题 1

一、单选题

1. Python 不支持的数据类型有 _______。

A ）char　　B ）int　　C ）float　　D ）list

2. 执行代码 a=7,a*=7 后，a 的值为 _______。

A ）1　　B ）14　　C ）49　　D ）7

3. 关于 Python 变量，下列说法错误的是 _______。

A ）变量不必事先声明，但区分大小写

B ）变量无须先创建和赋值可直接使用

C ）变量无须指定类型

D ）可以使用 del 关键字释放变量

4. 下列 _______ 语句在 Python 中是非法的。

A ）x=y=z=1　　B ）x=(y=z+1)

C ）x,y=y,x　　D ）x+=y

5. 执行 float('inf')-1 后的结果是 _______。

A ）1　　B ）inf　　C ）-inf　　D ）0

6. 以下 Python 标识符，命名不合法的是 _______。

A ）_Username　　B ）5area　　C ）str1　　D ）_5print

7. 设 s="Python Programming"，则 print s[-5:] 的结果是 _______。

A ）mming　　B ）Pytho　　C ）mmin　　D ）m

8. 下列表达式的值为 True 的是 _______。

A）5+4j>2-3j　　　　B）3>2>2

C）(3,2)<('a', 'b')　　　　D）'abc'<'xyz'

9. 执行下列语句后的显示结果是 _______。

```
>>> a = 1
>>> b = 2 * a / 4
>>> a = "one"
>>> print(a,b)
```

A）one 0　　B）1 0　　C）one 0.5　　D）one,0.5

10. 已知 x = 43，y = False，则表达式 (x >= y and 'A' < 'B' and not y) 的值是 _______。

A）False　　B）语法错　　C）True　　D）" 假 "

11. 执行下列语句后的显示结果是 _______。

```
x = "foo"
y = 2
print(x+y)
```

A）foo　　　　B）foofoo

C）foo2　　　　D）.An exception is thrown

12. Python 脚本文件的扩展名为 _______。

A）.python　　B）.py　　C）.pt　　D）.pg

13. 下列表达式的值为 True 的是 _______。

A）5+4j>2-3j　　　　B）3>2==2

C）e>5 and 4==f　　　　D）(x-6)>5

14. 已知 x=43，ch='A'，y = 1，则表达式 (x>=y and ch<'b' and y) 的值是 _______。

A）0　　B）1　　C）出错　　D）True

二、填空题

1. Python 源程序文件的扩展名主要有 ________ 和 pyw 两种，其中后者常用于 GUI 程序。
2. 在 IDLE 交互模式中浏览上一条语句的快捷键是 __________。
3. 在 Python 中 __________ 表示空类型。
4. 以 3 位实部 6 位虚部表示 Python 复数的表达形式为 __________。
5. 表达式 [3] in [1,2,3,4] 的值为 __________。
6. print(1,2,3,sep=': ') 的输出结果是 ________。
7. 函数 round(5.6)= ________。

三、判断题

1. Python 是一种跨平台、开源、免费的高级动态编程语言。
2. Python 3.x 完全兼容 Python 2.x。
3. 在 Windows 平台上编写的 Python 程序无法在 Unix 平台运行。
4. 不可以在同一台计算机上安装多个 Python 版本。
5. Python 不允许使用关键字作为变量名。

6. 在 Python 3.x 中可以使用中文作为变量名。
7. 9999**9999 这样的命令在 Python 中无法运行。
8. Python 使用缩进来体现代码之间的逻辑关系。
9. Python 代码的注释只有一种方式，那就是使用 # 符号。

四、编程题

1. 编写程序，利用三个 print 函数输出以下信息：

```
====================
欢迎进入身份认证系统
 1.登录
 2.退出
 3.认证
 4.修改密码
====================
```

2. 编写程序，通过键盘输入姓名、QQ 号和手机号，然后按如下格式输出：

```
姓名:fengGa
QQ:xxxxxxx
手机号:xxxxxx
```

3. 编写程序，输入一个 3 位以上的整数，输出其百位以上的数字。

第 2 章　列表、元组、字典和集合

扫一扫，看视频

学习目标

◎ 掌握列表对象的创建、删除
◎ 熟悉列表对象的使用方法
◎ 掌握元组对象的创建、删除
◎ 熟悉元组对象的使用方法
◎ 掌握字典对象的创建、删除
◎ 熟悉字典的使用方法
◎ 掌握集合对象的创建、删除
◎ 熟悉集合对象的使用方法

扫一扫，看视频

2.1　列表

2.1.1　列表的概念

列表是包含 0 个或多个元素的有序序列，列表没有长度限制，元素类型可以不同。可以对列表中的元素进行增加、删除或修改。

列表用一对方括号 [ ] 表示，并用逗号分隔其中的元素，如果列表内没有元素，表示是一个长度为 0 的空列表。例如：

```
>>> cities=["北京","上海","天津","重庆"]
>>> print(cities)
['北京', '上海', '天津', '重庆']
```

2.1.2　列表的使用

1. 取得列表中的单个值和子列表

列表是有序集合，因此要取得列表的任何元素，可以通过索引取得列表中的单个值，通过切片运算符取得子列表，同时可以使用正向递增序号和反向递减序号。例如：

```
>>> cities=["北京","上海","天津","重庆"]
>>> print(cities[1])
上海
>>> print(cities[1:3])
['上海', '天津']
>>> print(cities[-1])
```

```
重庆
>>> ls=[12,"DOG",[34,"CAT"],56]
>>> print(ls[2][1])
CAT
```

注：列表 [34,"CAT"] 是 ls 的元素。

2. 用 len() 函数取得列表的长度

len() 函数将返回列表中值的个数。例如：

```
>>> ls=[12,"DOG",[34,"CAT"],56]
>>> len(ls)
4
```

3. 用索引改变列表中的值

要修改列表元素，可以通过列表的索引改变索引处的值，使用格式：< 列表对象名 >[索引]= 新值，例如：

```
>>> fruits=['apple', 'orange', 'apple', 'pear']
>>> fruits[1]="Banana"
>>> fruits
['apple', 'Banana', 'apple', 'pear']
```

4. 增加列表元素

（1）使用 append() 方法可以在列表末尾添加元素。append() 方法的语法如下：

```
list.append(obj)
```

其中，list 表示列表，obj 表示要插入列表中的对象。例如：

```
>>> animals=[]
>>> animals.append('cat')
>>> animals.append('dog')
>>> animals.append('fox')
>>> animals
['cat', 'dog', 'fox']
```

（2）使用 insert() 方法可以在列表的任何位置添加元素。insert() 方法的语法如下：

```
list.insert(index,obj)
```

其中，index 表示对象 obj 需要插入的索引值。例如：

```
>>> animals.insert(2,'bat')
>>> animals
['cat', 'dog', 'bat', 'fox']
```

5. 删除列表元素

（1）使用 del 语句删除元素，del 可以删除一个或者连续几个元素，甚至是整个列表。例如：

```
>>> animals=['cat','dog', 'fox', 'pig']
>>> del animals[1]
>>> animals
['cat', 'fox', 'pig']
>>> del animals[1:3]
```

```
>>> animals
['cat']
>>> del animals
>>> animals
Traceback (most recent call last):
  File "<pyshell#83>", line 1, in <module>
    animals
NameError: name 'animals' is not defined
```

（2）使用 pop() 方法删除元素，pop() 方法的语法如下：

```
list.pop([index=-1])
```

其中，index 是可选参数，表示要从列表中移除的元素的索引值，默认的索引值是 -1。该方法返回从列表中移除的元素的值。例如：

```
>>> animals=['cat','dog', 'fox', 'pig']
>>> x=animals.pop()
>>> y=animals.pop(2)
>>> x,y
('pig', 'fox')
>>> animals
['cat', 'dog']
```

（3）使用 remove() 方法删除元素，remove() 方法的语法如下：

```
list.remove(obj)
```

该方法通过指定元素的值来删除列表中某个元素的第一个匹配项。例如：

```
>>> animals=['cat','dog', 'fox', 'pig']
>>> animals.remove ('fox')
>>> animals
['cat', 'dog', 'pig']
```

除了上面介绍的函数和方法以外，还有：

- cmp(list1, list2)：比较两个列表的元素。
- max(list)：返回列表元素的最大值。
- min(list)：返回列表元素的最小值。
- list(seq)：将元组转换为列表。
- list.count(obj)：统计某个元素在列表中出现的次数。
- list.extend(seq)：在列表末尾一次性追加另一个序列中的多个值。
- list.index(obj)：从列表中找出某个值第一个匹配项的索引位置。
- list.remove(obj)：移除列表中某个值的第一个匹配项。
- list.reverse()：反向列表中的元素。
- list.sort([func])：对原列表进行排序。

扫一扫，看视频

2.2 元组

Python 的元组与列表类似，不同之处在于元组是不可变的，元组的值不能被修改、删除和添加。

2.2.1 元组对象的创建与删除

1. 元组对象的创建

元组对象的创建使用圆括号，只需要在圆括号中添加元素，并使用逗号隔开即可。圆括号在不引起语义混淆时可以省略，当元组中只包含一个元素时，需要在元素后面添加逗号，否则圆括号会被当作运算符使用。例如：

```
>>> tup1 = ('Google', 'Taobao', 'Baidu')
>>> tup2 = 1, 2, 3, 4, 5
>>> tup3 = (6, )
```

元组对象中元素的引用与列表类似，在此不再赘述。

2. 元组的删除

元组中的元素值是不允许删除的，但可以使用 del 语句删除整个元组。例如：

```
>>> tup1 = ('Google', 'Taobao', 'Baidu')
>>> del tup1
>>> tup1
raceback (most recent call last):
  File "<pyshell#106>", line 1, in <module>
    print(tup1)
NameError: name 'tup1' is not defined
```

2.2.2 元组运算符

元组之间可以使用 + 号和 * 号进行运算，从而实现连接、合并和重复。例如：

- 连接 (1, 2, 3) + (4, 5, 6) 得到 (1, 2, 3, 4, 5, 6)
- 复制 ('99',) *3 得到 ('99', '99', '99')
- 迭代 for x in (1, 2, 3, 4): print(x) 输出 1 2 3 4

2.2.3 元组与列表相互转换

元组与列表可以相互转换，Python 内置的 tuple() 函数接受一个列表，可返回一个包含相同元素的元组。而 list() 函数接受一个元组并返回一个列表。从二者的性质看，tuple() 相当于冻结一个列表，而 list() 相当于解冻一个元组。例如：

```
>>> tuple1=(1,2,3,4)
>>> list(tuple1)
[1, 2, 3, 4]
>>> list1=["one","two","three","four"]
>>> tuple(list1)
('one', 'two', 'three', 'four')
```

2.2.4 时间元组

很多 Python 函数用一个元组组装起来的 9 组数字处理时间。例如：

```
import time
```

```
localtime = time.localtime(time.time())
print("本地时间为:", localtime)
print(time.strftime("%Y-%m-%d %H:%M:%S", localtime))
print(time.strftime("%a %b %d %H:%M:%S %Y", localtime))
print("当前的年份是:%s" % localtime.tm_year)
print("当前的月份是:%s" % localtime.tm_mon)
print("当前的日期是: %s" % localtime.tm_mday)
```

输出：

```
本地时间为 : time.struct_time(tm_year=2018, tm_mon=7, tm_mday=28, tm_
hour=9, tm_min=16, tm_sec=4, tm_wday=5, tm_yday=209, tm_isdst=0)
2018-07-28 09:32:58
Sat Jul 28 09:32:58 2018
当前的年份是:2018
当前的月份是:7
当前的日期是:28
```

输出的元组包含：

1 tm_year 年

2 tm_mon 月

3 tm_mday 日（1 到 31）

4 tm_hour 时（0 到 23）

5 tm_min 分（0 到 59）

6 tm_sec 秒（0 到 61，60 或 61 是闰秒）

7 tm_wday 周（0 到 6(0 是周一）

8 tm_yday 1 到 366(儒略历)

9 tm_isdst -1、0、1，-1 是决定是否为夏令时的标志

time.strftime() 是一个日期格式化函数，格式化字符如表 2-1 所示。

表 2-1　日期格式化字符

字符	描 述	字符	描 述
%y	2 位数的年份表示（00-99）	%B	本地完整的月份名称
%Y	4 位数的年份表示（0000-9999）	%c	本地相应的日期表示和时间表示
%m	月份（01-12）	%j	年内的一天（001-366）
%d	月中的一天（0-31）	%p	本地 A.M. 或 P.M. 的等价符
%H	24 小时制小时数（0-23）	%U	一年中的星期数（00-53），星期天为星期的开始
%I	12 小时制小时数（01-12）	%w	星期（0-6），星期天为星期的开始
%M	分钟数（00-59）	%W	一年中的星期数（00-53），星期一为星期的开始
%S	秒（00-59）	%x	本地相应的日期表示
%a	本地简化的星期名称	%X	本地相应的时间表示
%A	本地完整的星期名称	%Z	当前时区的名称
%b	本地简化的月份名称	%%	% 号本身

Python 中处理日期时间的模块主要有：time、datetime、pytz、dateutil、calendar。下面

是一个演示程序：

```
import calendar
print(calendar.month(2018, 7))
```

输出：

```
     July 2018
Mo Tu We Th Fr Sa Su
                   1
 2  3  4  5  6  7  8
 9 10 11 12 13 14 15
16 17 18 19 20 21 22
23 24 25 26 27 28 29
30 31
```

扫一扫，看视频

2.3 字典

字典可存储任意类型的对象，是无序的对象集合。字典的索引称为“键”，键及其关联的值称为“键 - 值”对，用冒号（:）分隔，每个键值对之间用逗号分隔，键和值可以是任意数据类型，整个字典包括在花括号（{}）中。使用时通过特定的键来访问值。键必须是唯一的，但值则不必，键必须是不可变的，如字符串、数字或元组。

2.3.1 字典对象的创建与删除

1. 字典对象的创建

字典对象的创建很简单，只需要在花括号中添加“键 - 值”对，并使用逗号隔开即可。创建字典对象的模式如下：

```
{<键1>:<值1>,<键2>:<值2>,...,<键n>:<值n>}
```

例如：

```
birthdays={'Alice': 'Apr 9', 'Bob':'Dec 20', 'Betty':'Mar 6'}
student={1801:"张华",1802:"刘天羽",183:"王永飞"}
```

另外，字典打印出来的顺序与创建之初的顺序有可能不同，这是因为字典的各个元素没有顺序之分。

2. 字典对象的删除

可以使用 del 语句删除字典。例如：

```
del birthdays
```

2.3.2 字典的使用

1. 访问字典的值

要获取与键相关联的值，可通过指定字典名和放在方括号内的键来获取与键相关联的值，使用格式：< 字典变量 >[键]。例如：

```
>>>birthdays={'Alice': 'Apr 9', 'Bob':'Dec 20', 'Betty':'Mar 6'}
>>>print (birthdays['Bob'])
```

```
'Dec 20'
```

也可以通过 get() 方法来获取与键相关联的值，这样可以避免访问字典中没有的键而导致的错误。get() 方法的语法：

```
dict.get(key, default)
```

其中，dict 表示字典名，key 表示字典中要查找的键，default 表示如果指定键的值不存在时，返回该默认值。例如：

```
>>>birthdays={'Alice': 'Apr 9', 'Bob':'Dec 20', 'Betty':'Mar 6'}
>>>birthdays.get('Betty')
'Mar 6'
>>>birthdays.get(' Gary', 'Apr 18')
'Apr 18'
>>>birthdays['Gary']
Traceback (most recent call last):
  File "<pyshell#17>", line 1, in <module>
    birthdays['Gary']
KeyError: 'Gary'
```

注：最后的出错信息表示键 'Gary' 不存在。

2. 修改字典中的值

要修改字典中的值，可通过指定字典名和放在方括号内的键以及与该键相关联的新值，使用格式：< 字典变量 >[键]= 新值。例如：

```
>>>birthdays={'Alice': 'Apr 9', 'Bob':'Dec 20', 'Betty':'Mar 6'}
>>>birthdays['Alice']= 'Apr 20'
>>>print (birthdays)
{'Alice': 'Apr 20', 'Bob': 'Dec 20', 'Betty': 'Mar 6'}
```

3. 添加字典的“键 - 值”对

字典是一种动态结构，可随时在其中添加键 - 值对，同样的，可通过指定字典名、放在方括号括内的键和相关联的值来实现。例如：

```
>>>dot={'color': 'red'}
>>>dot['x']=8
>>>dot['y']=9
>>>print (dot)
{'color': 'red', 'x': 8, 'y': 9}
```

4. 删除字典的“键 - 值”对

可以使用 del 语句通过键删除字典元素，也可以删除整个字典。例如：

```
>>>del birthdays['Bob']
>>>del birthdays
```

2.3.3 字典类型的常用函数

Pyhton 中字典类型的常用函数如表 2-2 所示。

表 2-2　字典类型的常用函数

函数	描　述
keys()	返回所有的键信息
values()	返回所有的值信息
items()	返回所有的键 - 值对信息
clear()	删除所有的键 - 值对
get(<key>,<default>)	键存在则返回相应值，否则返回默认值
pop(<key>,<default>)	键存在则返回相应值，同时删除键 - 值对，否则返回默认值

例如：

```
>>> province={"江苏":"南京","安徽":"合肥","辽宁":"沈阳"}
>>> province.keys()
dict_keys(['江苏', '安徽', '辽宁'])
>>> province.values()
dict_values(['南京', '合肥', '沈阳'])
>>> province.items()
dict_items([('江苏', '南京'), ('安徽', '合肥'), ('辽宁', '沈阳')])
>>> province.get("安徽")
'合肥'
>>> province.pop("安徽")
'合肥'
>>> province
{'江苏': '南京', '辽宁': '沈阳'}
>>> province.clear()
>>> province
{}
```

扫一扫，看视频

2.4　集合

Python 的集合与数学中集合的概念一致，是一个无序不重复元素的组合。集合的元素类型只能是固定数据类型，例如整数、字符串和元组等。列表、字典和集合本身都是可变数据类型，不能作为集合的元素出现。

2.4.1　集合对象的创建与删除

可以使用大括号 { } 或者 set( ) 函数通过赋值语句创建一个集合。

注意：创建一个空集合必须用 set() 而不是 { }，因为 { } 用来创建一个空字典。

```
>>>basket = {'apple', 'orange', 'apple', 'pear'}
>>>print(basket)
>>>set_test = set('hello')
>>>print(set_test)
```

集合对象可以使用 del 语句删除。例如：

```
>>>del set_test
```

2.4.2　集合的使用

1. 添加元素

可以使用 add() 方法在集合中添加元素。add() 方法的语法：

```
dot.add(x)
```

将元素 x 添加到集合 dot 中，如果元素已存在，则不进行任何操作。

```
>>> basket = {'apple', 'orange', 'pear'}
>>> print(basket)
{'orange', 'pear', 'apple'}
>>> basket.add('peach')
>>> print(basket)
{'peach', 'orange', 'pear', 'apple'}
```

2. 删除元素

（1）可以使用 remove() 方法删除集合的一个元素。remove() 方法的语法：

```
dot.remove(x)
```

将元素 x 从集合 dot 中删除，如果元素不存在，则会发生错误。例如：

```
>>> basket.remove('orange')
>>> print(basket)
{'peach', 'pear', 'apple'}
```

（2）可以用 discard 方法删除集合中的一个元素，如果元素不存在，则不执行任何操作。例如：

```
>>> basket.discard('orange')
>>> print(basket)
{'peach', 'pear', 'apple'}
```

（3）可以使用 pop() 方法随机删除集合中的一个元素。例如：

```
>>> basket.pop()
'peach'
>>> print(basket)
{'pear', 'apple'}
```

3. 计算集合元素的个数

可以使用 len() 函数计算集合元素的个数。len() 函数的语法：

```
len(dot)
```

例如：

```
>>>basket = {'apple', 'orange', 'apple', 'pear'}
>>>len(basket)
3
```

4. 清空集合

可以使用 clear() 方法清空集合。clear() 方法的语法：

```
dot.clear()
```

例如：

```
>>> basket.clear ()
```

```
>>> len(basket)
0
```

5. 判断元素是否属于集合

可以使用 in 或者 not in 运算符判断元素是否属于集合。例如：

```
>>>basket = {'apple', 'orange', 'apple', 'pear'}
>>>'apple' in basket
True
>>>'Banana' not in basket
True
```

6. 集合的并运算

可以使用 union() 方法实现两个集合的并运算。union() 方法的语法：

```
dot1.union(dot2)
```

例如：

```
>>>basket1 = {'apple', 'orange'}
>>>basket2 = {'pear', 'Banana'}
>>>result=basket1.union (basket2)
>>>print(result)
{'orange', 'Banana', 'pear', 'apple'}
```

另外，也可以使用“|”运算符实现两个集合的并运算。例如：

```
>>> result= basket 1| basket 2
>>> print(result)
{'orange', 'Banana', 'pear', 'apple'}
```

7. 集合的交运算

可以使用 intersection () 方法实现两个集合的交运算。intersection () 方法的语法：

```
dot1.intersection (dot2)
```

例如：

```
>>>basket1 = {'apple', 'orange', 'Banana'}
>>>basket2 = {'pear', 'Banana'}
>>>result=basket1.intersection (basket2)
>>>print(result)
{'Banana'}
```

另外，也可以使用“&”运算符实现两个集合的交运算。例如：

```
>>>result=basket1 & basket2
>>>print(result)
{'Banana'}
```

8. 集合子集的判断方法

可以使用 issubset () 方法判断一个集合是否是另外一个集合的子集。issubset () 方法的语法：

```
dot1.issubset (dot2)
```

判断 dot1 是否是 dot2 的子集，如果是则返回 True，否则返回 False。例如：

```
>>> s={1,2}
```

```
>>> s1={1,2,3}
>>> s2={1,3,4}
>>> s.issubset(s2)
False
>>> s.issubset(s1)
True
```

习题 2

一、单选题

1. 下列 ______ 不是 Python 元组的定义方式。

A）(1)　　B）(1,)　　C）(1, 2)　　D）(1, 2, (3, 4))

2. Python 不支持的数据类型是 ______。

A）char　　B）int　　C）float　　D）list

3. 下列不能创建一个字典的语句是 ______。

A）dic1 = {}　　B）dic2 = {12:34}

C）dic3 = {[1,2,3]:'abc'}　　D）dic3 = {(1,2,3):'abc'}

4. 若 a = (1, 2, 3)，下列 ______ 操作是非法的。

A）a[1:-1]　　B）a*3　　C）a[2] = 4　　D）list(a)

5. 执行以下代码的结果是 ______。

```
>>>my_tuple=(1,2,3,4)
>>>my_tuple.append((5,6,7))
>>>len(my_tuple)
```

A）-1　　B）0　　C）4　　D）异常报错

6. 执行下面操作后，list2 的值是 ______。

```
list1 = [4,5,6]
list2 = list1
list1[2] = 3
```

A）[4,5,6]　　B）[4,3,6]　　C）[4,5,3]　　D）都不正确

7. 以下不能创建一个字典的语句是 ______。

A）dict1 = {}　　B）dict2 = { 3 : 5 }

C）dict3 = dict([2 , 5] ,[3 , 4])　　D）dict4 = dict(([1,2],[3,4]))

8. 下面不能创建一个集合的语句是 ______。

A）s1 = set ()　　B）s2 = set (“abcd”)

C）s3 = (1, 2, 3, 4)　　D）s4 = frozenset((3,2,1))

9. 下列说法错误的是 ______。

A）除字典类型外，所有标准对象均可以用于布尔测试

B）空字符串的布尔值是 False

C）空列表对象的布尔值是 False

D）值为 0 的任何数字对象的布尔值是 False

10. 关于 list 和 string，下列说法错误的是 ______。

A）list 可以存放任意类型

B）list 是一个有序集合，没有固定大小

C）用于统计 string 中字符串长度的函数是 string.len()

D）string 具有不可变性，创建后其值不能改变

11. 以下程序的输出结果是 ______。（提示：ord(' a ')==97）

```
lista = [1,2,3,4,5,'a','b','c','d','e']
print(lista[2] + lista[5])
```

A）100　　B）'d'　　C）d　　D）TypeEror

12. 现要将某气象观测站每天不同时间点的气温及湿度的观察值保存，方便以后进行调用及查询，在 Python 中更合适的数据结构是 ______。

A）字符串　　B）列表　　C）集合　　D）字典

13. 字典这种数据结构相较于其他，最大的特点是 ______。

A）可被迭代　　B）有序存储　　C）键值对应　　D）成员唯一

14. 执行以下代码的结果是 ______。

```
>>>foo={1,3,3,4}
>>>type(foo)
```

A）set　　B）dict　　C）tuple　　D）object

15. 对于字典 d={'abc':1, 'qwe':2, 'zxc':3}，len(d) 的结果为 ______。

A）6　　B）3　　C）12　　D）9

二、填空题

1. 在 Python 中，字典和集合都是用一对 ________ 作为定界符，字典的每个元素由两部分组成，即键和值，其中 ________ 不允许重复。

2. 字符串、列表和元组是 Python 的 ________ 序列。

3. 查看变量类型的内置函数是 ________。

4. Python 中用于计算集合并的运算符是 ________。

5. 设列表 list 为 [0,2,4,6,8,10,12]，则切片 list[2:6]= ________。

6. 任意长度（>0）的列表、元组或字符串中最后一个元素的下标为 ________。

7. 字典中每个元素的键与值之间使用 ________ 分隔。

三、判断题

1. Python 支持使用字典的“键”作为下标来访问字典中的值。

2. 列表可以作为字典的“键”。

3. 元组可以作为字典的“键”。

4. 字典的“键”必须是不可变的。

5. Python 集合中的元素不允许重复。

6. Python 列表中的所有元素必须为相同类型的数据。

7. Python 中列表、元组、字符串都属于有序序列。

8. 列表对象的 append() 方法属于原地操作，用于在列表尾部追加一个元素。

9. 假设 x 为列表对象，那么 x.pop() 和 x.pop(-1) 的作用是一样的。

10. 使用 del 命令或者列表对象的 remove() 方法删除列表中的元素时会影响列表中部分元素的索引。

11. 使用列表对象的 remove() 方法可以删除列表中首次出现的指定元素，如果列表中不存在要删除的指定元素则抛出异常。

12. 无法删除集合中指定位置的元素，只能删除特定值的元素。

13. Python 集合不支持使用下标访问其中的元素。

14. 删除列表中重复元素最简单的方法是将其转换为集合后再重新转换为列表。

四、编程题

1. 有列表 [1,3,2,4,5,6,7,8,10,9]，编写程序将所有大于等于 5 的值保存至字典的第一个键“key1”的值中，将小于 5 的值保存至第二个键“key2”的值中。

2. 已知字典 d={1:'a',2:'b',3:'c',4:'d'}，编写程序，用输入内容作为键，然后输出字典中该键对应的值，如果该键不存在，则输出“输入的键不存在！”

第 3 章　选择与循环

扫一扫，看视频

学习目标

◎ 掌握 Python 语言中的选择结构程序设计

◎ 掌握 Python 语言中的循环结构程序设计

◎ 学会用选择结构和循环结构设计简单的程序

3.1　选择结构

无论在传统的面向过程程序设计中还是面向对象程序设计中，都不可避免地要使用控制结构来组织程序。Python 程序中语句的执行顺序同样包括三种基本控制结构：顺序结构、选择结构、循环结构。利用这三种基本控制结构，可以编写出各种复杂的应用程序。顺序结构无特殊要求，程序中的语句严格按照书写顺序自顶向下依次执行。本章主要介绍选择结构与循环结构。

3.1.1　条件运算符

条件表达式就是用来做比较的程序语句，确定比较的结果是真（True，或者说“是”）还是假（False，或者说“否”）。在选择结构和循环结构中，都要使用条件表达式来确定下一步的执行流程。在 Python 中，单个常量、变量或者任意合法的表达式都可以作为条件表达式。在条件表达式中可以使用 1.3.4 节介绍的所有运算符。Python 中条件表达式用到的运算符如表 3-1 所示。

表 3-1　条件表达式常用运算符

序号	类别	运算符
1	算术运算符	+（加）、-（减）、*（乘）、/（除）、//（取整除）、%（取模）、**（幂）
2	关系运算符	>（大于）、<（小于）、<=（小于等于）、>=（大于等于）==（等于）、!=（不等于）
3	测试运算符	in、not in（成员测试运算符），is、is not（对象实体同一性测试）
4	逻辑运算符	and（逻辑与）、or（逻辑或）、not（逻辑非）
5	位运算符	~、&、|、^、<<、>>
6	矩阵乘法运算符	@

在选择结构和循环结构中，条件表达式的值只要不是 False、0（或 0.0、0j 等）、空值 None、空列表、空元组、空集合、空字典、空字符串、空 range 对象或其他空迭代对象，Python 解释器均认为与 True 等价。条件表达式举例如表 3-2 所示。

表 3-2　条件表达式举例

条件表达式	描　述
3	使用整数作为条件表达式，非 0 即为真，条件表达式的结果为 True
a	使用列表作为条件表达式，a = [1, 2, 3]，条件表达式的结果为 True ；a = []，条件表达式的结果为 False
i <= 10	使用关系表达式作为条件表达式，根据 i 的值直接判断，i 值大于 10 则表达式为 False
True	使用常量 True 作为条件表达式，一直为真
a==10	使用关系表达式（等于）作为条件表达式，根据 a 的值直接判断。等于 10 即为 True。注意：当定义等于条件时请务必使用两个等于号（==）
1<2<3	关系运算符可以连续使用，直接判断结果。该式的结果为 True。例如：1<2>3 为 False，1<3>2 为 True
a<10 and a>5	假设 a 取值为 15，a<10 为 False，则整个表达式肯定为 False，不必计算第二个式子

后面的选择结构和循环结构中，条件判断大部分都是使用关系运算符：>（大于）、<（小于）、==（等于）、<=（小于等于）、>=（大于等于）、!=（不等于），来判断是非满足某个条件，特别要注意关系运算符可以连续使用，以及等于（==）不能用于赋值（=）。

如果需要多个条件组合，则需要用到逻辑表达式：and（逻辑与）、or（逻辑或）、not（逻辑非），组合多个条件是否同时满足的判断。逻辑运算符 and 和 or 以及关系运算符具有惰性求值特点，只计算必须计算的表达式的值。在设计条件表达式时，如果能够大概预测不同条件失败的概率，并将多个条件根据 "and" 和 "or" 运算的短路求值特性进行组织，从而减少不必要的计算和判断，可以大幅度提高程序的运行效率。

3.1.2　单分支选择结构

Python 选择结构是通过一条或多条语句的执行结果（True 或者 False）来决定执行的代码块。Python 用 if 语句来实现分支结构，有单分支、双分支和多分支等多种形式。

if 语句单分支结构的语法形式如下：

```
if (条件表达式):
    语句/语句块
```

功能：当条件表达式的值为真（True）时，执行 if 后的语句（块），否则不做任何操作，控制将转到 if 语句的结束点 。单分支结构的控制流程图如图 3-1 所示。

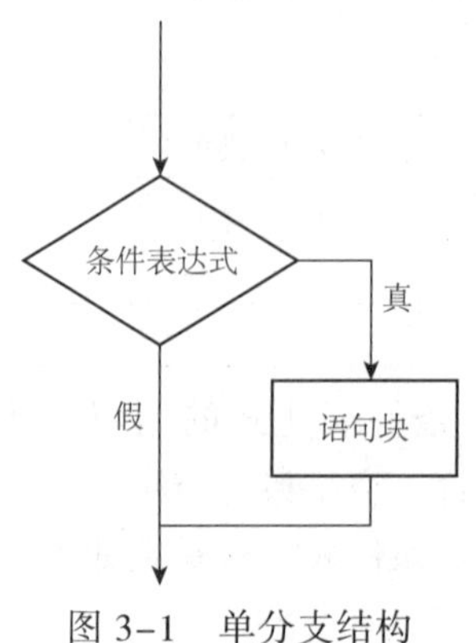

图 3-1　单分支结构

说明：

（1）条件表达式可以是关系表达式、逻辑表达式、算术表达式等。

（2）执行内容可以是语句或语句块，语句块中的多行语句以缩进来区分表示同一范围。

（3）Python 程序语言指定任何非 0 和非空（None）值为 True，0 或者 None 为 False。None 包括空字符串（""）、空元组（()）、空列表（[]）、空字典（{}）。

【例 3-1】输入两个整数 a 和 b，比较两者的大小，使得 a 大于 b。

```
a=int (input("请输入第1个整数:"))
b=int (input("请输入第2个整数:"))
print(str.format("输入值:{0},{1}", a, b))
if (a < b):
    t=a
    a=b
    b=t
print(str.format("输出值:{0},{1}", a,  b))
```

扫一扫，看视频

程序运行结果如下：

```
请输入第1个整数:9
请输入第2个整数:67
输入值:9,67
输出值:67,9
```

3.1.3　双分支选择结构

if 语句双分支结构的语法形式如下：

```
if (条件表达式):
    语句/语句块1
else:
    语句/语句块2
```

功能：当条件表达式的值为真（True）时，执行 if 后的语句（块）1，否则执行 else 后的语句（块）2。双分支结构的控制流程图如图 3-2 所示。

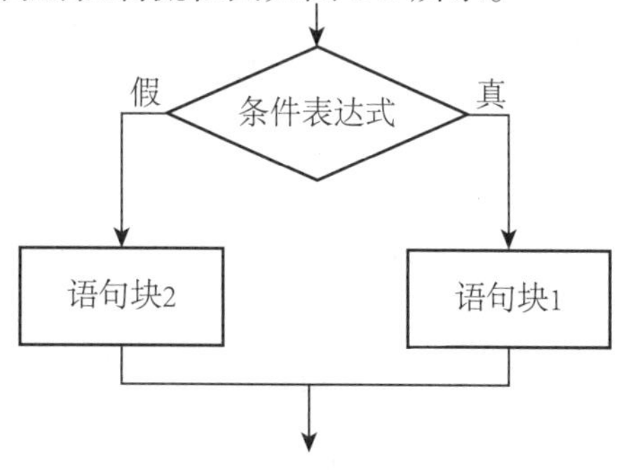

图 3-2　双分支结构

Python 还支持双分支结构的简单语句，这种形式的表达式如下：

```
值1  if (条件表达式)  else  值2
```

当条件表达式的值为真（True）时，该表达式的值为值 1，否则表达式的值为值 2。另外，在值 1 和值 2 中还可以使用复杂表达式，包括函数调用和基本输出语句。

例如，如果 x ⩾ 0，则 y= $\sqrt{x}$ ，否则 y=0，可以记为：

```
y=math.sqrt(x) if (x>=0) else 0
```

注：需要用 import math 导入 math 库。

【例 3-2】输入一个整数，判断该数的奇偶性，并输出提示信息。

```
a=int (input("请输入一个整数:"))
if(a%2==0):
     print(str.format("{0}是偶数", a))
else:
     print(str.format("{0}是奇数", a))
```

扫一扫，看视频

程序运行结果如下：

```
请输入一个整数:53
53是奇数
```

【例 3-3】输入三个整数 a、b、c，求其中的最大数。

```
a=int(input("请输入一个整数a:"))
b=int(input("请输入一个整数b:"))
c=int(input("请输入一个整数c:"))
if(a<b): max=b
else:
    max=a
if(c>max): max=c
print("最大值是:",max)
```

扫一扫，看视频

程序运行结果如下：

```
请输入一个整数a:25
请输入一个整数b:8
请输入一个整数c:15
最大值是: 25
```

3.1.4 多分支选择结构

在实际问题中，经常会出现多个条件判断的情况，这时可以使用 Python 提供的多分支选择结构。

if 语句多分支结构的语法形式如下：

```
if (条件表达式1):
     语句/语句块1
elif (条件表达式2):
    语句/语句块2
…
elif (条件表达式n):
     语句/语句块n
[else:
     语句/语句块n+1]
```

功能：依次对给定的条件表达式进行判断，哪个条件表达式的值为 True，则程序执行该条件表达式冒号（:）后的语句块，然后跳转到 if 语句的结束点执行其他语句。当所有条件表达式均为 False 时，则执行 else 后面的语句块。若省略最后的 else 子句，则程序不需要做任何操作。其流程图如图 3-3 所示。

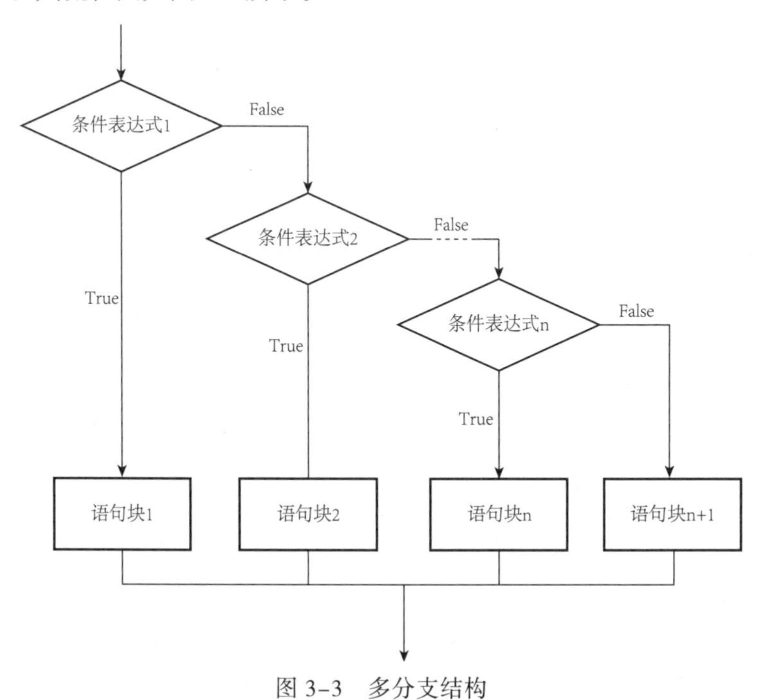

图 3–3　多分支结构

说明:

（1）关键字 elif 是 else if 的缩写，但是不能写为 else if。

（2）缩进必须要正确并且一致。

（3）条件表达式的顺序必须注意，对给定的条件表达式依次判断，如果前面有条件表达式为 True 则直接跳出分支结构，其他条件表达式不再判断。

【例 3-4】 输入某门课的百分制分数，输出其相应的等级（优秀（≥ 90）、良好（≥ 80）、中等（≥ 70）、及格（≥ 60）、不及格（<60））。

```
#根据输入的分数来判断应显示的等级
score = int(input('请输入分数:'))
#进入if/elif语句判断
if (score > 100):
    print('错误的成绩,成绩必须小于等于100分！')
elif (score >= 90):
    print('{0:<3d}优秀'.format(score)) #栏宽3,<向左对齐
elif (score >= 80):
    print('{0:<3d}良好'.format(score))
elif (score >= 70):
    print('{0:<3d}中等'.format(score))
elif (score >= 60):
    print('{0:<3d}及格'.format(score))
```

扫一扫，看视频

```
elif (score >= 0):
    print('{0:<3d}不及格'.format(score))
else:
    print('错误的成绩,成绩必须大于等于0分！')
```

程序运行结果如下：

```
请输入分数:85
85 良好
```

这里应该特别注意的是，如果把多分支结构写成如下形式则是错误的：

```
if (score > 0):
    print ('{0:<3d}不及格'.format(score))
elif (score >= 60):
    print ('{0:<3d}及格'.format(score)) elif (score >= 80):
elif (score >= 70):
    print ('{0:<3d}中等'.format(score))
elif (score >= 80):
    print ('{0:<3d}良好'.format(score))
elif (score >= 90):
    print ('{0:<3d}优秀'.format(score))
elif (score >100):
    print ('错误的成绩,成绩必须小于等于100分！')
else:
    print ('错误的成绩,成绩必须大于等于0分！')
```

请读者思考为什么。

3.1.5 选择结构的嵌套

如果在 if 语句的语句块 1 或语句块 2 中又包含 if 语句，则称为 if 语句的嵌套。语句嵌套层次越多，程序越冗长，不便于阅读，也容易出错，因此当条件比较多时，建议使用 3.1.4 节介绍的多分支选择结构。

【例 3-5】输入月份，输出其相应的天数。

```
month = int(input('请输入1~12月份:'))
if month == 4 or month == 6 or month == 9 or month == 11:
    print(month, '月有30天')
else:
    if month == 2:
        print(month, '月有28或29天')
    else:
        print(month, '月有31天')
```

扫一扫，看视频

程序运行结果如下：

```
请输入1~12月份:8
8 月有31天
```

if 语句的嵌套格式可有多种形式。例如：

```
if(条件表达式1):
```

```
    语句块1
    if (条件表达式2):
        语句块2
    else:
        语句块3
else:
          语句块4
```

又如：

```
if (条件表达式1):
    语句块1
else:
    语句块2
if(条件表达式2):
        语句块3
    else:
        语句块4
```

注意：缩进必须要正确并且一致。

另外，还有一种特殊的分支结构——异常处理。

观察下面这段小程序：

```
num = eval(input("请输入一个整数: "))
print(num**2)
```

当输入一个整数：100，输出结果：10000。当用户输入的不是数字呢？

当输入的不是整数，譬如“NO”，则 Python 解释器返回异常信息，同时程序退出。Python 异常信息中最重要的部分是异常类型，它表明了发生异常的原因，也是程序处理异常的依据。

Python 使用 try-except 语句实现异常处理，基本的语法格式如下：

```
try:
    <语句块1>
except <异常类型>:
    <语句块2>
```

语句块 1 中放可能发生异常的语句，可以用该语句捕获到异常信息，给出异常处理（提示信息）。例如：

```
try:
    num = eval(input("请输入一个整数: "))
    print(num**2)
except NameError:
    print("输入错误,请输入一个整数!")
```

这时，如果输入非整数“NO”，则会执行 except 后的语句块 2，输出“输入错误，请输入一个整数！”。

try-except 语句可以支持多个 except 语句，语法格式如下：

```
try:
    <语句块1>
```

```
except <异常类型1>:
    <语句块2>
…
except <异常类型N>:
    <语句块N+1>
except:
    <语句块N+2>
```

发生异常类型 1 的异常时执行语句块 2，发生异常类型 N 的异常时，则执行语句块 n+1，最后一个 except 语句没有指定任何类型，表示它对应的语句块可以处理所有其他异常。这个过程与 if-elif-else 语句类似，是分支结构的一种表达方式，一段代码如下：

```
try:
    alp = "ABCDEFGHIJKLMNOPQRSTUVWXYZ"
    idx = eval(input("请输入一个整数: "))
    print(alp[idx])
except NameError:
    print("输入错误,请输入一个整数!")
except:
    print("其他错误")
```

除了 try 和 except 保留字外，异常语句还可以与 else 和 finally 保留字配合使用，语法格式如下：

```
try:
    <语句块1>
except <异常类型1>:
    <语句块2>
    …
except <异常类型N>:
    <语句块N+1>
else:
    <语句块N+2>
finally:
    <语句块N+3>
```

如上的小程序段可以写成如下形式：

```
try:
    alp = "ABCDEFGHIJKLMNOPQRSTUVWXYZ"
    idx = eval(input("请输入一个整数: "))
    print(alp[idx])
except NameError:
    print("输入错误,请输入一个整数!")
else:
    print("没有发生异常")
finally:
    print("程序执行完毕,不知道是否发生了异常")
```

没有发生异常时则执行 else 后的语句块 N+2，不管是否发生异常均执行 finallly 之后的语句块 N+3。例如，执行上面的程序段，输入整数 5 和非整数 NO，分别执行：

```
请输入一个整数：5
F
没有发生异常
程序执行完毕,不知道是否发生了异常
请输入一个整数：NO
输入错误,请输入一个整数!
程序执行完毕,不知道是否发生了异常
```

3.2　循环结构

循环是指在程序设计中，有规律地反复执行某一语句块程序的现象，被重复执行的语句块称为“循环体”。使用循环可以避免不必要的重复操作和重复代码，可以简化程序，节约内存，提高程序的效率。

Python 提供了两种基本的循环结构语句：while 语句、for 语句。用这两个语句构造的循环结构通常可以简称为 while 循环、for 循环。

while 循环一般用于循环次数难以提前确定的情况，也可以用于循环次数确定的情况。

for 循环一般用于循环次数可以提前确定的情况，尤其是用于枚举序列或迭代对象中的元素。

一般优先考虑使用 for 循环。

相同或不同的循环结构之间可以互相嵌套，实现更为复杂的逻辑。

3.2.1　for 循环

for 循环一般用于循环次数可以提前确定的情况，循环次数由其遍历结构的元素个数确定。for 循环的语法一般形式如下：

```
for <循环变量> in <遍历结构>:
    循环体
```

功能：遍历“遍历结构”中的元素，并对“遍历结构”中的每个元素执行一次循环体中的语句。当所有元素完成遍历后，控制传递给 for 之后的下一个语句。

说明：

（1）遍历结构可以是字符串、文件、组合数据类型或 range() 函数，示例如表 3-3 所示。

表 3-3　遍历结构举例

功能	循环 N 次	遍历文件 fi 的每一行	遍历字符串 s	遍历列表 ls
语句	for i in range(N) : <语句块>	for line in fi : <语句块>	for c in s : <语句块>	for item in ls : <语句块>

（2）如果需要遍历数字序列，可以使用内置的 range() 函数，它会生成数列。range(5) 的序列为 0 1 2 3 4；使用 range 指定区间的值：range(5,9) : 5 6 7 8；使用 range 以指定数字开始并指定不同的增量（甚至可以是负数，有时这也叫作“步长”）：range(0, 10, 3) : 0 3 6 9，range(-10, -100, -30) : -10 -40 -70。

例如，可以使用 for 循环遍历列表，输出每个元素，其代码序列如下：

```
languages = ["C", "C++","Python"]
for x in languages:
    print (x)
```

输出结果为：

```
C
C++
Python
```

3.2.2　while 循环

while 循环一直保持循环操作，直到特定循环条件不被满足时才结束，不需要提前知道和确定循环次数。while 循环的语法一般形式如下：

```
while 条件表达式:
    循环体
```

功能：首先计算条件表达式。条件表达式的结果为 True 时执行循环体，否则退出循环体，控制传递给 while 语句的后继语句。

说明：

（1）循环体可以是单个语句或语句块。

（2）条件表达式是每次进入循环之前进行判断的条件，可以是任何表达式，任何非零或非空（null）的值均为 True。当判断条件为假（False）时，循环结束。

（3）同样需要注意冒号和缩进。

（4）条件表达式中一般必须包含控制循环的变量，循环语句中至少应包含改变循环条件的语句，以使循环趋于结束，避免“死循环”。

如下代码段：

```
n = 100
sum = 0
counter = 1
while counter <= n:
    sum = sum + counter
    counter += 1
print("1 到 %d 之和为: %d" % (n, sum))
```

输出结果为：

```
1 到 100 之和为: 5050
```

3.2.3　else 语句

for 循环和 while 循环中都存在一个扩展用法，即附带一个 else 子句（可选），其语法形式如下：

```
for <循环变量> in <遍历结构>:
    循环体
[else:
    else子句代码块]
```

```
while 条件表达式:
    循环体
[else:
    else子句代码块]
```

当 for 循环正常执行之后，程序会继续执行 else 语句中的内容。else 中的语句会在循环正常执行完（即 for 不是通过 break 跳出而中断的）的情况下执行。因此，可以在 else 子句代码块中放置判断循环执行情况的语句。同样，while … else 在条件语句为 False 时（不是通过 break 跳出而中断的），执行 else 的语句块。

如以下语句序列：

```
for s in "YES":
    print("循环进行中:"+s)
else:
    print("循环正常结束")
```

执行结果如下：

```
循环进行中:Y
循环进行中:E
循环进行中:S
循环正常结束
```

而以下语句序列：

```
count = 0
while count < 5:
    print (count, " 小于 5")
    count = count + 1
else: print (count, " 大于或等于 5")
```

输出结果如下：

```
0  小于 5
1  小于 5
2  小于 5
3  小于 5
4  小于 5
5  大于或等于 5
```

3.2.4　break 和 continue 语句

循环结构有两个辅助保留字：break 和 continue，它们用来辅助控制循环执行。循环控制语句可以更改语句执行的顺序。

break 语句在 while 循环和 for 循环中都可以使用，一般放在 if 选择结构中，一旦 break 语句被执行，将使得整个循环提前结束。如果使用嵌套循环，break 语句将停止执行最深层的循环，并开始执行下一行代码。

continue 用来结束当前当次循环，即跳出循环体中下面尚未执行的语句，但不跳出当前循环。对于 while 循环，继续求解循环条件。对于 for 循环，程序流程接着遍历循环列表。

对比 continue 和 break 语句，如下：

```
for c in "LOVE":
    if c=="O":
        continue
    print(c,end="") #输出结果为:LVE
```

```
for c in "LOVE" :
    if c=="O":
        break
    print(c,end="") #输出结果为:L
```

```
i = 1
while i < 10:
    i += 1
    if i%2 > 0: #非双数时跳过输出
      continue
    print(i) #输出双数2、4、6、8、10
```

```
i = 1
while i < 10:
    i += 1
    if i%2 > 0: #非双数时跳过输出
      break
    print(i) #输出双数2后跳出了循环
```

【例 3-6】计算小于 100 的最大素数。

```
for n in range(100, 1, -1):#从100开始找
 for i in range(2, n):#每个数从2开始除
       if n%i == 0:#只要能被2到n的某个数整除,则跳出内循环
          break
 else:          # 未能被2到n的任何数整除,内循环正常结束,执行else子句
       print(n)
break
```

扫一扫，看视频

输出结果为：

```
97
```

如果删除上面代码中最后一个 break 语句，则可以用来输出 100 以内的所有素数：97 89 83 79 73 71 67 61 59 53 47 43 41 37 31 29 23 19 17 13 11 7 5 3 2。这里要特别注意 break 语句和 else 子句的用法。

另外，Python 中还提供了 pass 语句，pass 是空语句，pass 不做任何事情，一般用作占位语句。以下实例在字母为 o 时，执行 pass 语句块：

```
for letter in 'Good':
    if letter == 'o':
        pass
        print ('执行 pass 块')
    print ('当前字母 :', letter)
print ("Good bye!")
```

执行以上脚本的输出结果为：

```
当前字母 : G
执行 pass 块
当前字母 : o
执行 pass 块
当前字母 : o
当前字母 : d
Good bye!
```

3.3 综合案例

【例 3-7】猜拳小游戏。

扫一扫，看视频

```
import random
while 1:
    s = int(random.randint(1, 3))
```

```
        if s == 1:
            ind = "石头"
        elif s==2:
            ind = "剪子"
        elif s == 3:
            ind = "布"
        m =input('请输入 石头、剪子、布,输入"end"结束游戏:')
        blist = ['石头', "剪子", "布"]
        if (m not in blist) and (m != 'end'):
            print("输入错误,请重新输入! ")
        elif (m not in blist) and (m == 'end'):
             print("\n游戏退出中...")
             break
        elif m == ind :
            print("电脑出了: " + ind + ",平局! ")
        elif (m == '石头' and ind =='剪子') or (m == '剪子' and ind =='布') or (m ==
'布' and ind =='石头'):
            print("电脑出了: " + ind +",你赢了! ")
        elif (m == '石头' and ind =='布') or (m == '剪子' and ind =='石头') or (m ==
'布' and ind =='剪子'):
            print("电脑出了: " + ind +",你输了! ")
```

测试结果如下：

```
请输入 石头、剪子、布,输入"end"结束游戏:石头
电脑出了: 石头,平局!
请输入 石头、剪子、布,输入"end"结束游戏:石头
电脑出了: 布,你输了!
请输入 石头、剪子、布,输入"end"结束游戏:end
```

【例 3-8】判断一个数是否为素数。

扫一扫，看视频

```
import math

n = input('请输入一个整数:')
n = int(n)
m = math.ceil(math.sqrt(n)+1)
for i in range(2, m):
    if n%i == 0 and i<n:
        print(str(n)+'不是素数')
        break
else:
    print(str(n)+'是素数')
```

测试结果如下：

```
请输入一个整数:67
67是素数
```

【例 3-9】打印九九乘法表。

```
i = 1

while i:
    j = 1
    while j:
        print('{0}*{1}={2}'.format(i, j, i * j).ljust(6), end=' ')
        if i == j:
            break
        j += 1
        if j >= 10:
            break
    print()
    i += 1
    if i >= 10:
        break
```

扫一扫，看视频

输出结果为：

```
1*1=1
2*1=2  2*2=4
3*1=3  3*2=6  3*3=9
4*1=4  4*2=8  4*3=12 4*4=16
5*1=5  5*2=10 5*3=15 5*4=20 5*5=25
6*1=6  6*2=12 6*3=18 6*4=24 6*5=30 6*6=36
7*1=7  7*2=14 7*3=21 7*4=28 7*5=35 7*6=42 7*7=49
8*1=8  8*2=16 8*3=24 8*4=32 8*5=40 8*6=48 8*7=56 8*8=64
9*1=9  9*2=18 9*3=27 9*4=36 9*5=45 9*6=54 9*7=63 9*8=72 9*9=81
```

如果用 for 循环，则代码如下：

```
for i in range(1,10):
    for j in range(1,i+1):
        print('{0}*{1}={2}'.format(i,j,i*j).ljust(6), end=' ')
    print()
```

由此可见，用 while 或 for 均可实现，但明显 for 语句更简洁。

【例 3-10】百元买百鸡问题。假设公鸡每只 5 元，母鸡每只 3 元，小鸡 1 元 3 只。现有 100 元，要求买 100 只鸡。试编程求出公鸡、母鸡和小鸡各买多少只。

```
for i in range(0, 33):
    for j in range(0, 20):
        if  3*i +5*j+ (100-j-i)/3 == 100:
            print('母鸡:', i, ' 公鸡:', j ,'小鸡:', 100-j-i )
```

扫一扫，看视频

程序运行结果如下：

```
母鸡: 4  公鸡: 12 小鸡: 84
母鸡: 11  公鸡: 8 小鸡: 81
母鸡: 18  公鸡: 4 小鸡: 78
```

```
母鸡: 25   公鸡: 0 小鸡: 75
```

【例 3-11】编写程序，实现一个列表 [2, 0, 1, 8, 7, 6, 3, 5, 9, 4] 的排序。

```
#冒泡排序
data = [2, 0, 1, 8, 7, 6, 3, 5, 9, 4]
for i in range(len(data)):
    for j in range(i + 1):
        if data[i] < data[j]:
            data[i], data[j] = data[j], data[i]  #交换
print(data)
#list排序方法sort
data = [2, 0, 1, 8, 7, 6, 3, 5, 9, 4]
data.sort()
print(data)
data = [2, 0, 1, 8, 7, 6, 3, 5, 9, 4]
data.sort(reverse=True) #反转
print(data)
```

扫一扫，看视频

输出结果如下：

```
[0, 1, 2, 3, 4, 5, 6, 7, 8, 9]
[0, 1, 2, 3, 4, 5, 6, 7, 8, 9]
[9, 8, 7, 6, 5, 4, 3, 2, 1, 0]
```

习题 3

一、单选题

1. 以下代码返回 ________。

```
a=15
True if a!=5 else False
```

A) 5　　B) 15　　C) True　　D) False

2. 下列代码的运行结果是 ________。

```
num=5
if num>4:
    print('num greater than 4')
else:
    print('num less than 4')
```

A) num greater than 4　　B) num less than 4

C) True　　D) False

3. 下列 Python 语句正确的是 ________。

A) min = x if x < y else y　　B) max = x > y ? x : y

C) if (x > y) print(x)　　D) while True : pass

4. 下面的循环体的执行次数与其他不同的是 ________。

A) i = 0

```
    while( i<=100):
        print (i)
        i = i + 1
```

B) for i in range(100):

```
    print (i)
```

C) for i in range(100, 0, -1):

```
    print (i)
```

D) i = 100

```
    while(i>0):
        print (i)
        i = i-1
```

5. 若 k 为整型，下述 while 循环的执行次数为 ________。

```
k=1000
while k>1:
    print (k)
    k=k/2
```

A) 9　　B) 10　　C) 11　　D) 100

6. 以下叙述正确的是 ________。

A) continue 语句的作用是结束整个循环的执行

B) 只能在循环体内使用 break 语句

C) 在循环体内使用 break 语句或 continue 语句的作用相同

D) 从多层循环嵌套中退出时，只能使用 goto 语句

7. 下面的语句会无限循环下去的是 ________。

A) for a in range(10):

```
    time.sleep(10)
```

B) while 1<10:

```
    time.sleep(10)
```

C) while True:

```
    break
```

D) a = [3,-1,',']

```
    for i in a[:]:
        if not a:
            break
```

8. 执行以下代码的结果是 ________。

```
x=True; y,z=False,False
if x or y and z:
    print('yes')
else:
    print('no')
```

A) yes　　B) no

C）unable to run　　　　　　D）An exception is thrown

9. 以下关于循环控制语句描述错误的是 ________。

A）Python 中的 for 语句可以在任意序列上进行迭代访问，例如列表、字符串和元组。

B）在 Python 中 if…elif…elif…结构中必须包含 else 子句。

C）在 Python 中没有 switch-case 的关键词，可以用 if…elif…elif…来等价表达。

D）循环可以嵌套使用，例如一个 for 语句中有另一个 for 语句，一个 while 语句中有一个 for 语句等。

10. 若有如下语句，则输出结果是 ________。

```
for i in range(0,2):
    print (i)
```

A）0 1 2　　　　B）1 2　　　　C）0 1　　　　D）1

11. 下列程序共输出 ________ 个值。

```
age = 23
start = 2
if age % 2 != 0:
    start = 1
for x in range(start, age + 2, 2):
    print(x)
```

A）10　　　　B）16　　　　C）12　　　　D）14

二、问答题

1. Python 提供了哪几种分支结构？它们的格式分别是怎样的？

2. Python 提供了哪几种循环结构？它们的格式分别是怎样的？

3. 简述 break 语句和 continue 语句的区别。

三、编程题

1. 编写程序解决以下问题：企业发放的奖金根据利润提成。利润（I）低于或等于 10 万元时，奖金可提 10%；利润高于 10 万元，低于 20 万元时，低于 10 万元的部分按 10% 提成，高于 10 万元的部分，可提成 7.5%；20 万到 40 万之间时，高于 20 万元的部分，可提成 5%；40 万到 60 万之间时高于 40 万元的部分，可提成 3%；60 万到 100 万之间时，高于 60 万元的部分，可提成 1.5%，高于 100 万元时，超过 100 万元的部分按 1% 提成，从键盘输入当月利润 I，求应发放奖金总数？

2. 编写程序解决以下问题：输入某年某月某日，判断这一天是这一年的第几天？

3. 编写程序解决以下古典问题：有一对兔子，从出生后第 3 个月起每个月都生一对兔子，小兔子长到第 3 个月后每个月又生一对兔子，假如兔子都不死，问每个月的兔子总数为多少？

4. 编写程序，判断 101~200 之间有多少个素数，并输出所有素数。

5. 打印出所有的“水仙花数”，所谓“水仙花数”是指一个 3 位数，其各位数字立方和等于该数本身。例如：153 是一个“水仙花数”，有 $153=1^3+5^3+3^3$。

第 4 章　字符串与正则表达式

扫一扫，看视频

学习目标

◎ 掌握字符串的编码格式

◎ 掌握字符串的基本操作方法

◎ 掌握正则表达式的基本语法

◎ 学会使用和设计简单的正则表达式

4.1　字符串

在编写程序的术语中，通常把文字称为“字符串”（string），可以把字符串想象成一堆字符的组合。字符串或串 (String) 是由数字、字母、下划线组成的一串字符。它是编程语言中表示文本的数据类型。一般记为：s="a1a2···an"(n>=0)。

在 Python 中，字符串属于不可变对象（不能给字符串赋值），使用单引号、双引号、三单引号或三双引号作为定界符，并且不同的定界符之间可以相互嵌套。其中一对单引号、双引号仅表示单行字符串。Python 中三引号允许一个字符串跨多行，字符串中可以包含换行符、制表符以及其他特殊字符。字符串中本身有单引号或双引号，想要保留，也可以用三单引号。例如，''' She says，"I'm a teacher! " '''，输出：She says，"I'm a teacher! "。

4.1.1　字符串编码格式

1. 字符编码的作用

计算机只认识 0 和 1 组成的二进制序列，因此任何文件中的内容要想被计算机识别或者想存储在计算机上都需要转换为二进制序列。那么字符与二进制序列怎么进行转换呢？于是人们尝试建立一个表格来存储一个字符与一个二进制序列的对应关系。

（1）编码。将字符转换为对应的二进制序列的过程叫做字符编码。

（2）解码。将二进制序列转换为对应的字符的过程叫做字符解码。

2. 字符编码的简单发展过程

（1）ASCII 码诞生。最早的字符串编码是 ASCII 码 (American Standard Code for Information Interface, 美国标准信息交换代码)。ASCII 码是基于拉丁字母的一套电脑编程系统，主要用于显示现代英语和其他西欧语言。它被设计为用 1 个字节来表示一个字符，最多只能表示 256 个符号，实际上 ASCII 码表中只有 128 个字符，仅对 10 个数字、26 个大写英文字母、26 个小写英文字母及一些其他符号进行了编码，剩余的 128 个字符是预留扩展用的。

（2）GBK 等各国编码诞生。随着计算机的普及和发展，很多国家都开始使用计算机。大家发现 ASCII 码预留的 128 个位置根本无法存储自己国家的文字和字符，因此各个国家开始制定各自的字符编码表，其中中国的的字符编码表有 GB2312 和 GBK。GB2312 使用 1 个字节表示英文，2 个字节表示中文；GBK 是 GB2312 的扩充，而 CP936 是微软在 GBK 基础上开发的编码方式。GB2312、GBK 和 CP936 都是使用 2 个字节表示中文。日本把日文编到 Shift_JIS 里，韩国把韩文编到 Euc-kr 里。

（3）Unicode 诞生。随着世界互联网的形成和发展，各国的人们开始有了互相交流的需要。但是这个时候就存在一个问题，每个国家使用的字符编码表都是不同的。人们希望有一个世界统一的字符编码表来存放所有国家使用的文字和符号，这就是 Unicode。Unicode 又称为统一码、万国码、单一码，它是为了解决传统的字符编码方案的局限性而产生的，它为每种语言中的每个字符设定了统一并且唯一的二进制编码。Unicode 规定所有的字符和符号最少由 2 个字节（16 位）表示，所以 Unicode 码可以表示的最少字符个数为 2^{16}=65536。

(4) UTF-8 诞生。为什么已经有了 Unicode 还要 UTF-8 呢？这是由于当时存储设备是非常昂贵的，而 Unicode 中规定所有字符最少要由 2 个字节表示。人们认为像原来 ASCII 码中的字符用 1 个字节就可以了，因此人们决定创建一个新的字符编码来节省存储空间。UTF-8 是对 Unicode 编码的压缩和优化，它不再要求最少使用 2 个字节，而是将所有字符和符号进行分类：以 1 个字节表示英语字符 (兼容 ASCII)，以 3 个字节表示中文，还有些语言的符号使用 2 个字节（例如俄语和希腊语符号）或 4 个字节。

不同编码格式之间相差很大，采用不同的编码格式意味着不同的表示和存储形式，把同一字符存入文件时，写入的内容可能会不同，在试图理解其内容时必须了解编码规则并进行正确的解码。如果解码方法不正确就无法还原信息，从这个角度来讲，字符串编码也具有加密的效果。

UTF-8 是目前最常用，也是被推荐使用的字符编码。Python 3.x 完全支持中文字符，默认使用 UTF-8 编码格式，无论是一个数字、英文字母，还是一个汉字，都按一个字符对待和处理。Python 2 的 默认编码 是 ASCII，不能识别中文字符，需要显式指定字符编码。

3. Python 中的字符编码问题

一般在两个地方会用到字符编码：

（1）磁盘写入或读取数据时。

（2）程序执行时的输入和输出。

磁盘写入或读取数据时使用的字符编码是由编辑器指定的工程或文件的字符编码决定的，这与 Python 解释器无关；但是 Python 程序执行时，将 Python 脚本文件加载到内存时使用的字符编码是主要问题所在。在 Python 2 中，Python 解释器默认使用的是 ASCII 码，此时要运行的程序中如果有中文，Python 解释器就会报错。这是因为，Python 解释器执行该程序时试图从 ASCII 编码表中查找中文字符对应的二进制序列，但是发现找不到。此时要想该程序正常运行，就需要在 Python 脚本文件的开始位置声明该文件使用的字符编码：

```
# -*- coding:utf-8 -*-
print("你好,世界")
```

需要说明的是：Python 3.x 的解释器默认使用 UTF-8 编码，它本身是可以对中文字符进行编码和解码的，所以即便不指定字符编码也能正常运行，但还是建议保留字符编码的声明。

创建字符串时，也可以指定其编码方式：str(object=b",encoding='utf-8,errors='strict")，按指定编码，根据字节码对象创建 str 对象，等同于 bytes 对象 b 的对象方法：b.decode(encoding,errors)，把字节码对象 b 解码为对应编码的字符串。对应的，也可以把字符串对象 s 编码为字节码对象，s.encode(encoding ='utf-8,errors='strict")= 'utf-8,errors='strict")。

如下代码：

```
s="我爱python"
b=s.encode()
print(b)
c=b.decode()
print(c)
```

输出结果为：

```
b'\xe6\x88\x91\xe7\x88\xb1python'
我爱python
```

4.1.2　字符串基本操作

1. 字符串的操作符

字符串是一个字符序列，字符串有系列操作：索引访问、切片操作、连接操作、重复操作、成员关系操作、比较运算操作，以及求字符串长度、最大值、最小值等。

（1）字符串的索引。

字符串最左端位置标记为 0，依次增加。字符串中的编号叫作“索引”。Python 中字符串索引从 0 开始，一个长度为 L 的字符串最后一个字符的位置是 L-1。Python 同时允许使用负数从字符串右边末尾向左边进行反向索引，最右侧索引值是 -1。可以通过 <string>[i] 取出对应的第 i 个字符。

（2）字符串的切片。

可以通过两个索引值确定一个位置范围，返回这个范围的子串。格式：

```
<string>[<start>:<end>]
```

start 和 end 都是整数型数值，这个子序列从索引 start 开始直到索引 end 结束，但不包括 end 位置。start 缺失表示至开始，end 缺失表示至结束。

还有高级的切片操作，格式：<string>[<start>:<end>:<step>]，其中 step 是步长。

（3）字符串的其他符号。

1）加号（+）是字符串连接运算符，星号（*）是重复操作。

2）成员运算符（in）：如果字符串中包含给定的字符返回 True。

3）成员运算符（not in）：如果字符串中不包含给定的字符返回 True。

4）原始字符串（r/R）：所有的字符串都是直接按照字面的意思使用，没有转义特殊或不能打印的字符。 原始字符串除在字符串的第一个引号前加上字母 r（可以大小写）以外，与普通字符串有着几乎完全相同的语法。

字符串的操作示例如下：

```
str = 'Hello World!
print(str)              # 输出完整字符串:Hello World!
print(str[0])           # 输出字符串中的第1个字符H
print(str[2:5])         # 输出字符串中第3~5个字符之间的字符串llo
print(str[2:])          # 输出从第3个字符开始的字符串llo World!
print(str[1:12:2])      # 输出从第1个字符开始的每隔一个字符HloWrd
print(str[::-1])        # 输出字符串的逆序串!dlroW olleH
print(str * 2)          # 输出字符串2次Hello World!Hello World!
print(str + "TEST")     # 输出连接的字符串Hello World!TEST
print('H' in str)       # 输出True或False(由字符串是否包含该字符判断):True
print('b' not in str)   # 输出True或False(由字符串是否包含该字符判断):True
print( R'\n' )          # 输出原始字符,不作转义字符:/n
print( r'\n' )          # 输出原始字符,不作转义字符:/n
print( len(str) )       # 输出字符串的字符个数:12
```

2. 字符串的转义字符

需要在字符串中使用特殊字符时，Python 用反斜杠（\）转义字符。转义字符可以表达特殊字符的本意。例如："这里有个双引号 (\")"，输出结果为：这里有个双引号 (")。另外，用转义符形成一些组合，可以在字符串中表达一些不可直接打印的信息，例如：\n 表示换行。常用转义字符如表 4-1 所示。

表 4-1　常用转义字符

转义字符	描　述	转义字符	描　述
\(在行尾时)	续行符	\n	换行
\\	反斜杠符号	\v	纵向制表符
\'	单引号	\t	横向制表符
\"	双引号	\r	回车
\a	响铃	\f	换页
\b	退格 (Backspace)	\oyy	八进制数，yy 代表的字符，例如：\o12 代表换行
\e	转义	\xyy	十六进制数，yy 代表的字符，例如：\x0a 代表换行
\000	空	\other	其他字符以普通格式输出

3. 字符串的格式化

我们经常会输出类似"亲爱的 xxx 你好！你 xx 月的话费是 xx，余额是 xx"之类的字符串，而 xxx 的内容都是根据变量变化的。为了简化操作，这时需要一种简便的格式化字符串的方式。Python 中如何输出格式化的字符串呢？

（1）% 运算符。

Python 支持格式化字符串的输出。尽管这样可能会用到非常复杂的表达式，但最基本的用法是将一个值插入到一个有字符串格式符 %s 的字符串中。在 Python 中，字符串格式化使用与 C 中 printf 函数一样的语法。采用如下形式：

```
格式字符串 %(值1,值2,…)
```

例如：

```
print("我叫 %s 今年 %d 岁!" % ('小明', 10))
输出结果:我叫 小明 今年 10 岁!
```

Python 中提供的常用字符串格式化符号如表 4-2 所示，同时还有一些辅助指令，如表 4-3 所示。

表 4-2　Python 字符串格式化符号

格式字符	描　述	格式字符	描　述
%c	单个字符	%X	格式化无符号十六进制数（大写）
%s	字符串(采用 str() 的显示）	%f	格式化浮点数字，可指定小数点后的精度
%r	字符串（采用 repr() 的显示）	%e	用科学计数法格式化浮点数
%d 或 %i	整数	%E	作用同 %e
%u	无符号整型	%g	%f 和 %e 的简写
%b	二进制整数	%G	%f 和 %E 的简写
%o	无符号八进制数	%p	用十六进制数格式化变量的地址
%x	格式化无符号十六进制数	%%	'%%' 输出一个单一的 '%'

表 4-3　格式化操作符辅助指令

符号	功能
*	定义宽度或者小数点精度
-	用作左对齐
+	在正数前面显示加号(+)
<sp>	在正数前面显示空格
#	在八进制数前面显示零('0'),在十六进制数前面显示 '0x' 或者 '0X'(取决于用的是 'x' 还是 'X')
0	显示的数字前面填充 '0' 而不是默认的空格
%	'%%' 输出一个单一的 '%'
(var)	映射变量(字典参数)
m.n.	m 是显示的最小总宽度，n 是小数点后的位数(如果可用的话)

例如：

```
print("%0*.*f"%(10,5,88))   #输出:0088.00000
print("%3.2f"%88)      #输出:88.00
```

% 运算符兼容 Python 2 的格式，不建议使用。从 Python 2.6 开始，新增了一种格式化字符串的函数 str.format()，它增强了字符串格式化功能。

（2）format 内置函数。

format 内置函数的基本形式如下：

```
format(value)      #等同于str(value)
format(value,format_spec)  #等同于type(value)._format_( format_spec)
```

格式化说明符（format_spec）的基本格式如下：

```
[[fill]align] [sign] [#][0][width][,][.precision][type]
```

其中：

fill 为填充字符（可选），可以为除 { } 外的任何字符；

align 为对齐方式，包括左对齐（"<"）、右对齐（">"）、居中对齐（"^"）；

sign（可选）为符号字符，包括正数（"+"）、负数（"-"），正数带空格，负数带 "-" 号（" "）；

"#"（可选）使用另一种转换方式；

" 0"（可选）表示数值类型格式化结果左边用零填充；

width（可选）是最小宽度；

precision（可选）是精度；

type 是格式化类型字符。格式化类型字符（type）的用法与表 4-2 类似，包括 b（二进制）、o（八进制）、c（字符）、s（字符串）等。

例如：

```
print(format(88,"0.5f"))       #输出:88.00000
print(format(88,"%"))          #输出:8800.000000%
```

（3）字符串的 format 方法。

目前，比较常用的格式化形式是 format 方法。

字符串 format() 方法的基本使用格式是：

```
<模板字符串>.format(<逗号分隔的参数>)
```

模式字符串中用 "{ }" 作为槽，与 format 后的参数一一对应。如果指定参数序号则按照指定的序号填充到相应的槽中。如：

```
print("我叫{},今年{}岁!".format("小明",10)) #输出:我叫小明,今年10岁!
print("我叫{1},今年{0}岁!".format("小明",10))  #输出:我叫10,今年小明岁!
```

format() 方法中模板字符串的槽除了包括参数序号，还可以包括格式控制信息。此时，槽的内部样式如下：

```
{<参数序号>: <格式控制标记>}
```

其中，格式控制标记用来控制参数显示时的格式。格式控制标记包括：< 填充 >< 对齐 >< 宽度 >,<. 精度 >< 类型 >6 个字段，这些字段都是可选的，可以组合使用。如表 4-4 所示。

表 4-4 格式控制标记

:	< 填充 >	< 对齐 >	< 宽度 >	,	<. 精度 >	< 类型 >
引导符号	用于填充的单个字符	< 左对齐 > 右对齐 ^ 居中对齐	槽是设定输出宽度	数字的千位分隔符	浮点数小数部分的精度或字符串的最大输出长度	整数类型 b,c,d,o,x,X，浮点数类型 e,E,f,%

例如下列程序序列：

```
print("{0:=^20}".format("Python"))
print("{0:*>20}".format("Python"))
print("The number {1:,} in hex is: {1:#x}, the number {0} in oct is
{0:#o}".format(1000,100))
```

```
print("my name is {name}, my age is {age}".format(name = "Python",age = 28))
position = (5,8,13)
print("X:{0[0]};Y:{0[1]};Z:{0[2]}".format(position))
```

输出结果为：

```
=======Python=======
**************Python
The number 100 in hex is: 0x64, the number 1000 in oct is 0o1750
my name is Python, my age is 28
X:5;Y:8;Z:13
```

4. 字符串的处理

（1）字符串处理函数。

Python 提供了一些以函数形式提供的字符串处理功能。常用的字符串处理函数如表 4-5 所示。

表 4-5　常用的字符串处理函数

函数及使用	说明
len(s)	返回字符串的长度，如 len(" 小明 10 岁！ ")，结果为 6
str(x)	返回任意类型 x 为字符串形式，如 str([1,2]) 结果为 "[1,2]" ，str(1.23) 结果为 "1.23"
hex(x) 或 oct(x)	返回整数的十六进制或八进制小写形式字符串，如 hex(425) 结果为 "0x1a9"，oct(425) 结果为 "0o651"
chr(u) 或 ord(c)	返回字符或对应的 Unicode 编码，如：chr(10004) 输出✔，ord(" ♉ ") 输出 9801

（2）字符串处理方法。

Python 提供了大量的函数支持字符串操作。可以使用 dir("") 查看所有字符串操作函数列表，也可以用 help() 查看每个函数的帮助。更多的函数可以在需要使用时查看帮助。下面主要介绍常用的字符串处理方法，如表 4-6 所示。

表 4-6　常用的字符串处理方法

处理类型	方 法	描 述
大小写转换	str.lower() 或 str.upper()	返回字符串的副本，字符全部小写或大写，如 "dDd".lower() 结果为 "ddd"，"dDd".upper() 结果为 "DDD"
组合	str.join(iter)	多个字符串进行连接，并在相邻字符串之间插入指定字符，如 "，".join("12345") 结果为："1，2，3，4，5"
拆分	str.split(sep=None)	返回一个列表，由 str 根据 sep 被分割的部分组成，如 "A,B,C".split(",") 结果为 ['A', 'B', 'C']
替换	str.replace(old,new)	如 " 类置类部函数 ".replace(" 类 "," 内 ") 结果为 " 内置内部函数 "
测试	str.count(sub)	返回子串 sub 在 str 中出现的次数如 "happy".count("p") 结果为 2

续表

处理类型	方 法	描 述
对齐	str.center(width[,fillchar]) str.ljust(width[,fillchar]) srr.rjust(width[,fillchar])	字符串 str 根据宽度 width 居中 / 左 / 右，fillchar 可选，为填充字符，如 "happy".center(20,"*") 结果为 "*******happy********"
去空格	str.strip([chars])str. lstrip([chars])str. rstrip([chars])	去除字符串两边 / 左 / 右的空格，也可去除 chars 指定的字符，如 "***happy****".strip("*hy") 结果为 "app".

4.2 正则表达式

字符串是编程时涉及最多的一种数据结构，对字符串进行操作的需求几乎无处不在。比如判断一个字符串是否是合法的 E-mail 地址，虽然可以编程提取 @ 前后的子串，再分别判断是否是单词和域名，但这样做不但麻烦，而且代码难以复用。

正则表达式（regular expression 或 regex 或 RE）是用来匹配字符串的有力工具和技术，主要用于处理字符串，可以快速、准确地完成复杂的查找、替换等处理要求。它的设计思想是用一种描述性的语言来给字符串定义一个规则，凡是符合规则的字符串，我们就认为它“匹配”了，否则，该字符串就是不合法的。所以我们判断一个字符串是否是合法的 E-mail 的方法是：

（1）创建一个匹配 E-mail 的正则表达式；

（2）用该正则表达式去匹配用户的输入来判断是否合法。

使用正则表达式最大的优势是简洁，一行胜千言，一行就是特征（模式）。因为正则表达式也是用字符串表示的，因此，首先要了解如何用字符来描述字符，即正则表达式的语法。

Python 自 1.5 版本起增加了 re 模块，它提供 Perl 风格的正则表达式模式。re 模块使 Python 语言拥有全部的正则表达式功能，后面将重点介绍 re 模块提供的正则表达式函数与对象的用法。

4.2.1 基本语法

正则表达式是由普通字符（例如字符 a 到 z）以及特殊字符（称为元字符）组成的文字模式。普通字符包括 ASCII 字符、Unicode 字符和转义字符；正则表达式中的元字符（.、^、$、*、+、?、{、}、[、]、\、|、(以及)）包含特殊含义，如果要作为普通字符使用，则需要转义。例如：\$ 。如果以“\”开头的元字符与转义字符相同，则需要用“\\”或原始字符串前加上字符“r”或“R”。

常用的正则表达式元字符如表 4-7 所示。

表 4-7 常用的正则表达式元字符

元字符	功能说明
.	匹配除换行符以外的任意单个字符
*	匹配位于 * 之前的字符或子模式的 0 次或多次出现
+	匹配位于 + 之前的字符或子模式的 1 次或多次出现
-	在 [] 之内用来表示范围

续表

<table>
<tr><th>元字符</th><th>功能说明</th></tr>
<tr><td>|</td><td>匹配位于 | 之前或之后的字符</td></tr>
<tr><td>^</td><td>匹配行首，匹配以 ^ 后面的字符开头的字符串</td></tr>
<tr><td>$</td><td>匹配行尾，匹配以 $ 之前的字符结束的字符串</td></tr>
<tr><td>\b</td><td>匹配单词头或单词尾</td></tr>
<tr><td>\B</td><td>与 \b 含义相反，匹配非单词边界</td></tr>
<tr><td>\A</td><td>字符串开头</td></tr>
<tr><td>\Z</td><td>字符串结尾（除最后行终止符）</td></tr>
<tr><td>?</td><td>匹配位于 ? 之前的 0 个或 1 个字符。当此字符紧随任何其他限定符（*、+、?、{n}、{n,}、{n,m}）之后时，匹配模式是“非贪心的”。“非贪心的”模式匹配搜索到的、尽可能短的字符串，而默认的“贪心的”模式匹配搜索到的、尽可能长的字符串。例如，在字符串“oooo”中，“o+?”只匹配单个“o”，而“o+”匹配所有“o”</td></tr>
<tr><td>\</td><td>表示位于 \ 之后的为转义字符</td></tr>
<tr><td>\num</td><td>此处的 num 是一个正整数。例如，“(.)\1”匹配两个连续的相同字符</td></tr>
<tr><td>\f</td><td>换页符匹配</td></tr>
<tr><td>\n</td><td>换行符匹配</td></tr>
<tr><td>\r</td><td>匹配一个回车符</td></tr>
<tr><td>\d</td><td>匹配任何数字，相当于 [0-9]</td></tr>
<tr><td>\D</td><td>与 \d 含义相反，等效于 [^0-9]</td></tr>
<tr><td>\s</td><td>匹配任何空白字符，包括空格、制表符、换页符，与 [\f\n\r\t\v] 等效</td></tr>
<tr><td>\S</td><td>与 \s 含义相反</td></tr>
<tr><td>\w</td><td>匹配任何字母、数字以及下划线，相当于 [a-zA-Z0-9_]</td></tr>
<tr><td>\W</td><td>与 \w 含义相反，与“[^A-Za-z0-9_]”等效</td></tr>
<tr><td>()</td><td>将位于 () 内的内容作为一个整体对待</td></tr>
<tr><td>{}</td><td>按 {} 中的次数进行匹配</td></tr>
<tr><td>[xyz]</td><td>匹配位于 [] 中的任意一个字符</td></tr>
<tr><td>[^xyz]</td><td>反向字符集，匹配除 x、y、z 之外的任何字符</td></tr>
<tr><td>[a-z]</td><td>字符范围，匹配指定范围内的任何字符</td></tr>
<tr><td>[^a-z]</td><td>反向范围字符，匹配除小写英文字母之外的任何字符</td></tr>
</table>

在正则表达式中，如果直接给出字符，就是精确匹配。用 \d 可以匹配一个数字，\w 可以匹配一个字母或数字，所以 '00\d' 可以匹配 '007'，但无法匹配 '00A'；'\d\d\d' 可以匹配 '010'；'\w\w\d' 可以匹配 'py3'。

可以匹配任意字符，所以 'py.' 可以匹配 'pyc'、'pyo'、'py!' 等等。要匹配变长的字符，在正则表达式中，用 * 表示任意个字符（包括 0 个），用 + 表示至少一个字符，用 ? 表示 0 个或 1 个字符，用 {n} 表示 n 个字符，用 {n,m} 表示 n-m 个字符：如 \d{3}\s+\d{3,8}：\d{3} 表示匹配 3 个数字，例如 '010'；\s 可以匹配一个空格（也包括 Tab 等空白符），所以 \s+ 表示至少有一个空格，例如匹配 ' '，' ' 等；\d{3,8} 表示 3-8 个数字，例如 '1234567'。

综合起来，上面的正则表达式可以匹配以任意个空格隔开的带区号的电话号码。如果要匹配 '010-12345' 这样的号码呢？由于 '-' 是特殊字符，在正则表达式中，要用 '\' 转义，所以，上面的正则表达式是 \d{3}\-\d{3,8}。但是，仍然无法匹配 '010 - 12345'，因为带有空格，所以需要更复杂的匹配方式。

要做更精确匹配，可以用 [] 表示范围，例如：[0-9a-zA-Z_] 可以匹配一个数字、字母或者划线；[0-9a-zA-Z_]+ 可以匹配至少由一个数字、字母或者下划线组成的字符串，如 'a100'，'0_Z'，'Py3000' 等；[a-zA-Z_][0-9a-zA-Z_]* 可以匹配由字母或下划线开头，后接任意个由一个数字、字母或者下划线组成的字符串，也就是 Python 合法的变量；[a-zA-Z_][0-9a-zA-Z_]{0, 19} 更精确地限制了变量的长度是 1-20 个字符（前面 1 个字符 + 后面最多 19 个字符）。A|B 可以匹配 A 或 B，所以 (P|p)ython 可以匹配 'Python' 或者 'python'。^ 表示行的开头，^\d 表示必须以数字开头。$ 表示行的结束，\d$ 表示必须以数字结束。你可能注意到了，py 也可以匹配 'python'，但是加上 ^py$ 就变成了整行匹配，就只能匹配 'py' 了。

还有一些常用实例如下：

```
'[pjc]ython'                          #可以匹配'python'、'jython'、'cython'
'[^abc]'                              #可以一个匹配任意除'a'、'b'、'c'之外的字符
'^http'                               #只能匹配所有以'http'开头的字符串
'^\d{1,3}\.\d{1,3}\.\d{1,3}\.\d{1,3}$'          #检查给定字符串是否为合法IP地址
'^(13[4-9]\d{8})|(15[01289]\d{8})$'             #检查给定字符串是否为移动手机号码
'^\w+@(\w+\.)+\w+$'                   #检查给定字符串是否为合法电子邮件地址
'[\u4e00-\u9fa5]'                     #匹配给定字符串中所有汉字
'^\d{17}[\d|X]|\d{15}$'               #检查给定字符串是否为合法身份证格式
'\d{4}-\d{1,2}-\d{1,2}'               #匹配指定格式的日期,例如2018-6-1
```

正则表达式非常强大，要在短短的一节里讲完是不可能的。要讲清楚正则的所有内容，可以写一本厚厚的书了。一般读者只要掌握常用的一些正则表达式即可，其他的格式有需求时查看资料即可。

4.2.2 正则表达式的应用

有了准备知识，就可以在 Python 中使用正则表达式了。Python 提供 re 模块，包含所有正则表达式的功能。可以直接使用 re 模块的方法来进行字符串处理，也可以将模式编译为正则表达式对象，然后使用正则表达式对象的方法来处理字符串。注意需要用 import re 导入 re 模块。

正则表达式的表示类型有：

（1）raw string 类型（原生字符串类型）。re 库采用 raw string 类型表示正则表达式为：

```
r'text'
```

例如：

```
r'[1,9]\d{5}'
r'\d{3}-\d{8}|\d{4}-\d{7}'
```

raw string 是不包含对转义字符再次转义的字符串。

（2）re 库也采用 string 类型表示正则表达式，但更加繁琐。

例如：

```
'[1,9]\\d{5}'
'\\d{3}-\\d{8}|\\d{4}-\\d{7}'
```

建议当正则表达式包含转义字符时，使用 raw string。

re 模块的常用方法如表 4-8 所示。

表 4-8　re 模块的常用方法

方法	功能说明
compile(pattern[, flags])	创建模式对象
escape(string)	将字符串中所有特殊正则表达式字符转义
findall(pattern, string[, flags])	列出字符串中模式的所有匹配项
finditer(pattern, string, flags=0)	返回包含所有匹配项的迭代对象，其中每个匹配项都是 match 对象
fullmatch(pattern, string, flags=0)	尝试把模式作用于整个字符串，返回 match 对象或 None
match(pattern, string[, flags])	从字符串的开始处匹配模式，返回 match 对象或 None
purge()	清空正则表达式缓存
search(pattern, string[, flags])	在整个字符串中寻找匹配正则表达式的第一个位置，返回 match 对象或 None
split(pattern, string[, maxsplit=0])	根据模式匹配项分隔字符串
sub(pat, repl, string[, count=0])	将字符串中所有 pat 的匹配项用 repl 替换，返回新字符串。如 re.sub(r'#.*$', "", "2004-959-559 # 这是一个电话号码 ") # 删除注释为："2004-959-559" re.sub(r'\D', "", "2004-959-559 # 这是一个电话号码 ") # 移除非数字的内容为 "2004959559"
subn(pat, repl, string[, count=0])	将字符串中所有 pat 的匹配项用 repl 替换，返回包含新字符串和替换次数的二元元组，repl 可以是字符串或返回字符串的可调用对象，该可调用对象作用于每个匹配的 match 对象

这里列举几个实例，分析 re 模块中方法的使用。

1. 判断是否匹配

如何判断正则表达式是否匹配？ match() 方法判断是否匹配，如果匹配成功，返回一个 Match 对象，否则返回 None。常见的判断方法代码实例：

```
import re
if re.match(r'^\d{3}\-\d{3,8}$', '010-12345'):
    print('ok')
else:
    print('failed')
```

输出结果为：

```
ok
```

2. 切分字符串

正则表达式 re 模块中的函数 split，或正则表达式对象方法 split，使用正则表达式匹配字符串（匹配分隔符），并分割字符串，返回分割后的字符串列表 。如 re.split(r'\s+', 'a b   c')，则返回列表 ['a', 'b', 'c']。

如果有逗号、分号等同样可以使用 re.split(r'[\s\,]+', 'a,b, c') 或 re.split(r'[\s\,\;]+', 'a,b;; c') 分割成列表 ['a', 'b', 'c']。

3. 分组

除了简单地判断是否匹配之外，正则表达式还有提取子串的强大功能。用 () 表示的就是要提取的分组（Group）。如果正则表达式中定义了组，就可以在 Match 对象上用 group() 方法提取出子串。注意到 group(0) 永远是原始字符串，group(1)、group(2)……表示第 1、2、……个子串。

比如：^(\d{3})-(\d{3,8})$ 分别定义了两个组，可以直接从匹配的字符串中提取出区号和本地号码。如果有 m = re.match(r'^(\d{3})-(\d{3,8})$', '010-12345')，则 m.group(0)、m.group(1)、m.group(2) 分别为 '010-12345'、'010' 和 '12345'。

4. 贪婪匹配

需要特别指出的是，正则匹配默认是贪婪匹配，也就是匹配尽可能多的字符。举例如下，匹配出数字后面的 0：re.match(r'^(\d+)(0*)$', '102300').groups()，结果为：('102300', '')。由于 \d+ 采用贪婪匹配，直接把后面的 0 全部匹配了，结果 0* 只能匹配空字符串了。必须让 \d+ 采用非贪婪匹配（也就是尽可能少匹配），才能把后面的 0 匹配出来，加个 ? 就可以让 \d+ 采用非贪婪匹配。例如，re.match(r'^(\d+?)(0*)$', '102300').groups()，则结果为：('1023', '00')。

只要是长度输出可能不同的，都可以通过在操作符后增加 ? 号变成最小匹配，如 *?（前一个字符 0 次或无限次扩展，最小匹配）、+?（前一个字符 1 次或无限次扩展，最小匹配）、??（前一个字符 0 次或 1 次扩展，最小匹配）、{m,n}?（扩展前一个字符 m 至 n 次（含 n），最小匹配）。

5. 编译

在 Python 中使用正则表达式时，re 模块内部会做两件事情：

（1）编译正则表达式，如果正则表达式的字符串本身不合法，会报错；

（2）用编译后的正则表达式去匹配字符串。

因此，如果一个正则表达式要重复使用，出于效率的考虑，可以预编译该正则表达式，接下来重复使用时就不需要编译这个步骤了，直接匹配。使用编译后的正则表达式对象可以提高字符串处理速度。代码如下：

```
import re
# 编译
re_telephone = re.compile(r'^(\d{3})-(\d{3,8})$')
# 使用
re_telephone.match('010-12345').groups()#输出('010', '12345')
re_telephone.match('010-8086').groups()#输出('010', '8086')
```

编译后生成 Regular Expression 对象，由于该对象自己包含了正则表达式，所以调用对应的方法时不用给出正则字符串。

这里注意一下，match、search 和 findall 方法的区别。

match(string[, pos[, endpos]]) 方法用于在字符串开头或指定位置进行搜索，模式必须出现在字符串开头或指定位置；

search(string[, pos[, endpos]]) 方法用于在整个字符串中进行搜索；

findall(string[, pos[, endpos]]) 方法用于在字符串中查找所有符合正则表达式的字符串列表。

4.3　综合案例

扫一扫，看视频

【例 4-1】凯撒密码是古罗马凯撒大帝用来对军事情报进行加密的算法，它采用了替换方法对信息中的每一个英文字符循环替换为字母表序列该字符后面第三个字符，对应关系如下：

```
原文:A B C D E F G H I J K L M N O P Q R S T U V W X Y Z
密文:D E F G H I J K L M N O P Q R S T U V W X Y Z A B C
```

原文字符 P，其密文字符 C 满足如下条件：

```
C = ( P + 3 ) mod 26
```

解密方法反之，满足：

```
P = ( C   3 ) mod 26
```

参考程序代码如下：

```
plaincode = input("请输入明文: ")
s = ""
for p in plaincode:
    if ord("a") <= ord(p) <= ord("z"):
        c = chr(ord("a") + (ord(p) - ord("a") + 3) % 26)
        s = s + c
    else:
        s = s + p
print(s)
flag = input("按a键还原原文: ")
t = ""
if flag == "a":
    for c in s:
        if ord("a") <= ord(c) <= ord("z"):
            p = chr(ord("a") + (ord(c) - ord("a") - 3) % 26)
            t = t + p
        else:
            t = t + c
    print("明文为:", t)
```

程序测试结果为：

```
请输入明文: happy
密文为:kdssb
按a键还原原文: a
明文为:happy
```

【例 4-2】format() 函数的应用。根据输入的栏宽值输出值。

如下代码序列：

扫一扫，看视频

```
wd = input('输入栏宽值:')
width = int(wd)
print('=' * width)   #按照栏宽值来输出
score_width = 9   #分数栏宽
```

```
    name_width = width - score_width  #名字栏宽
    data = '{0:11s} {1:.2f}'     #设置格式,字符串长度10,浮点数2位小数

    print('{0:11s} {1}'.format('名字', '分数'))
    print('-' * width)
    print(data.format('Mary', 68.789))
    print(data.format('Tomas', 74.6752))
    print(data.format('William', 85))
```

程序运行结果为：

```
程序输入栏宽值:25
=========================
名字           分数
-------------------------
Mary        68.79
Tomas       74.68
William     85.00
```

【例 4-3】输入一行字符，分别统计出其中英文字母、空格、数字和其他字符的个数。

参考程序代码如下：

```
    import re
    s = input('输入一串字符:')
    char = re.findall(r'[a-zA-Z]',s)
    num = re.findall(r'[0-9]',s)
    blank = re.findall(r' ',s)
    chi = re.findall(r'[\u4E00-\u9FFF]',s)
    other = len(s)-len(char)-len(num)-len(blank)-len(chi)
    print("字母:", len(char),"\n数字:", len(num),"\n空格:",len(blank),"\n中文:
",len(chi),"\n其他:",other)
```

扫一扫，看视频

程序运行结果为：

```
输入一串字符:s = input('输入一串字符:')
字母: 6
数字: 0
空格: 2
中文: 6
其他: 6
```

习题 4

一、单选题

1. 字符串 s= 'a\nb\tc '，则 len(s) 的值是 ________。

A）7　　B）6　　C）5　　D）4

2. 已知 x = 'a234b123c'，并且 re 模块已导入，则表达式 re.split('\d+', x) 的值为 ________。

A）['a', 'b', 'c']　　　　B）['a234', 'b123', 'c']
C）['c'， 'b','a']　　　　D）['c', 'b123', 'a234']

3. 正则表达式中 \s 匹配的是 ________。

A）非空白　　B）空白　　C）非数字　　D）数字

4. 在设计正则表达式时，字符 ________ 紧随任何其他限定符 (*、+、?、{n}、{n,}、{n,m}) 之后时，匹配模式是“非贪心的”，匹配搜索到的、尽可能短的字符串。

A）$　　B）^　　C）{}　　D）?

5. 正则表达式元字符 ________ 用来表示该符号前面的字符或子模式 0 次或多次出现。

A）+　　B）*　　C）^　　D）|

6. 执行代码 print(format(99,"0.5f")) 后结果是 ________。

A）99.00000　　B）99.0　　C）099.0　　D）099

7. 在 print 函数的输出字符串中可以将 ________ 作为参数，代表后面指定要输出的字符串。

A）%d　　B）%c　　C）%t　　D）%s

8.________ 不是用于处理中文的字符编码。

A）gb2312　　B）gbk　　C）big5　　D）ascii

9. 以下关于字符串处理的描述错误的是 ________。

A）print('C:\file\time')，输出结果是 C:\file\time

B）Python 中字符串是以单引号或双引号括起来的任意文本，如果字符串赋值的时候，内部有单引号或双引号时，如果不想使用转义字符常常可以使用 r 运算符来表示

C）"\" 符号可以用来表示转义符号，例如 'doesn\'t' 和 "doesn't" 都表示字符串 doesn't

D）被单引号 ('...') 或者双引号 ("...") 包围的都是字符串

10. 以下关于字符串处理正确的是 ________。

A）字符串是自带索引的，对变量 word = "Python"，word[1] 是字符 y，但是 word[-1] 会报越界错误

B）+ 号可以用来拼接两个字符串，对于以下代码的输出字符串是 Python

```
>>> prefix = "Py"
>>> prefix + 'thon'
```

C）字符串的索引有两个边界，前边界和后边界都是包括的

D）对于字符串 "apple"，3 * "apple" 的结果为 "3apple"

二、编程题

1. 编写程序，输入字符串，为其每个字符的 ASCII 码形成列表并输出。
2. 假设有一段文字，其中有单独的 I 写为 i，请编写程序进行纠正。
3. 从输入的字符串中清除 HTML 标记。
4. 验证一个字符串是否是有效的电子邮件格式。
5. 输入任意字符串，统计其中元音字母 ('a', 'e', 'i', 'o', 'u') 不区分大小写出现的次数和频率。

第 5 章　函　数

扫一扫，看视频

◎ 掌握函数的定义、参数类型和参数传递
◎ 掌握变量的定义及其作用域
◎ 掌握函数的嵌套调用、递归调用
◎ 学会设计简单的函数
◎ 了解偏函数

5.1　函数的定义

函数是带名字的代码块，用于完成某项功能任务。

如果需要在程序中多次执行同一项任务时，无需反复编写完成该任务的代码，而只需调用执行该任务的函数。下面是一个计算圆面积的简单函数，名为 area()。

【例 5-1】演示函数的定义和使用。

```
# -*- coding: utf-8 -*-
def area(r):
    """计算圆的面积"""
    s = 3.14 * r * r
    return s

# 调用函数
print(area(5))
```

扫一扫，看视频

程序执行结果为 78.5。

定义函数的一般形式如下：

```
def 函数名(参数列表):
    "文档字符串"
    函数内容
    return [表达式]
```

说明：

（1）函数代码块以 def 关键词开头，后接函数标识符名称和圆括号 ()；
（2）任何传入的参数和自变量必须放在圆括号内；
（3）函数的第一行语句可以选择性地使用文档字符串（用于存放函数说明）；
（4）函数内容以冒号起始，并且缩进；
（5）return [表达式] 结束函数，返回一个值给调用方，不带表达式的 return 相当于返回 None。

5.2 参数

函数的参数是用于接收调用函数时传递过来的值。参数就像变量一样，只不过它们的值是在调用函数时定义的，而非在函数本身内赋值。

5.2.1 形参与实参

形参，即形式参数，在函数定义的圆括号内指定，多个形参用逗号分隔。

实参，即实际参数，调用函数时传递给被调函数的值。

例如前面定义的函数 area(r)，调用该函数时需提供半径值，用于计算圆的面积。在代码 print(area(5)) 中，值 5 是实参，执行调用语句时实参 5 传递给形参 r，r 获取实参的值后，就可以计算出圆的面积了，如果没有调用 area 函数，形参 r 的值是未知的、不确定的。

因为 Python 是基于值也是对象的数据结构，上述调用实际上是 r 指向了值 5。以下两条语句得到的结果（r 和 5 的内存地址）是一样的。

```
print(id(5))
print(id(r))
```

5.2.2 参数类型

在 Python 中调用函数时可使用的正式参数类型有位置参数、默认参数、可变参数和关键字参数。

1. 位置参数

位置实参，这要求实参的顺序与形参的顺序相同，调用函数时，Python 必须将函数调用中的每个实参都关联到函数定义中的相应形参。因此，最简单的关联方式是基于实参的顺序，这种关联方式称为位置实参。

为了了解其中的工作原理，来看一个显示用户信息的函数。这个函数输出用户属于哪种类型以及他的名字。

【例 5-2】演示位置参数的使用。

```
# -*- coding: utf-8 -*-
def user_info(user_type, user_name):
    """打印用户信息"""
    print('User is %s,name is %s' % (user_type, user_name))

#调用函数
user_info('student', 'jack')
```

扫一扫，看视频

程序执行结果为：

```
User is student,name is jack
```

传入的两个值按照位置顺序依次赋给形参 user_type 和 user_name。

2. 默认参数

可以在函数参数列表的最后指定变量的值，例如 def user_info(user_type, user_sex = ' 男 '):。如果调用 user_info 时只带第一个参数，则 user_sex 默认设为男。如果带两个参数，则 user_sex 的值等于第二个参数传入的值。

【例 5-3】演示默认参数的使用。

扫一扫，看视频

```
# -*- coding: utf-8 -*-
def user_info(user_type, user_sex='男'):
    """打印用户信息"""
    print('User is %s,sex is %s' % (user_type, user_sex))

# 调用函数
user_info('student')
user_info('teacher', '女')
```

程序执行结果为：

```
User is student,sex is 男
User is teacher,sex is 女
```

传入的两个值按照位置顺序依次赋给形参 user_type 和 user_name。

经常会碰到一些使用大量默认值的函数，但偶尔（比较少见）想要覆盖这些默认值。默认参数值提供了一种简单的方法来完成这件事，不需要为这些罕见的例外定义大量函数。同时，Python 不支持重载方法和函数，默认参数是一种模仿“重载”行为的简单方式。

默认参数只在模块加载时求值一次。如果参数是列表或字典之类的可变类型，这可能会导致问题。如果函数修改了对象，例如向列表追加项，默认值就被修改了。

3. 关键字参数

关键字实参是传递给函数的名称 - 值对，在实参中直接将名称和值关联起来，因此向函数传递实参时不会混淆，可以明确每个关键字的含义。关键字实参不仅使得无需考虑函数调用中的实参顺序，还清楚地指出了函数调用中各个值的用途。在 Python 中，可以通过参数名来给函数传递参数，而不用关心参数列表定义时的顺序，称之为关键字参数。使用关键字参数有两个优势：

（1）不必担心参数的顺序，使用函数变得更加简单了；

（2）假设其他参数都有默认值，可以只给想要的那些参数赋值。

【例 5-4】演示关键字参数的使用。

扫一扫，看视频

```
# -*- coding: utf-8 -*-
def user_info(user_type, user_age, user_sex='男', ):
    """打印用户信息"""
    print('User is %s, age is %s, sex is %s' % (user_type, user_age,user_sex))

# 调用函数
user_info(user_age=18,user_type='student')
```

程序执行结果为：

```
User is student, age is 18, sex is 男
```

传入的两个值按照对应的关键字赋给形参 user_age 和 user_type，而不用关心他们的顺序位置。

关键字参数使用起来简单，参数不容易出错，那么有些时候，希望定义的函数中某些参数强制使用关键字参数传递，这时该怎么办呢？将强制关键字参数放到某个 * 参数或者单个 * 后面就能达到这种效果，下面的程序中演示了这种效果。

【例 5-4-2】演示关键字参数的使用。

```
# -*- coding: utf-8 -*-
def user_info(user_type, user_age, *, user_sex):
    """打印用户信息"""
    print('User is %s, age is %s, sex is %s' % (user_type, user_age, user_sex))

# 调用函数
user_info('student',18)
```

程序执行会产生错误：

```
TypeError: user_info() missing 1 required keyword-only argument: 'user_sex'
```

显示缺少关键字参数 user_sex，将调用方式改成：

```
# 调用函数
user_info('student', 18, user_sex='男')
```

执行结果为：

```
User is student, age is 18, sex is 男
```

4. 可变参数

有时在设计函数接口的时候，可能会需要可变长的参数。也就是说，事先无法确定传入的参数个数。Python 提供了一种元组的方式来接受没有直接定义的参数。这种方式在参数前边加星号 * 。如果在函数调用时没有指定参数，它就是一个空元组。也可以不向函数传递未命名的变量。

【例 5-5】演示可变参数的使用。

```
# -*- coding: utf-8 -*-
def user_info(user_type, user_age, *hobby):
    """打印用户信息"""
    print('User is %s,age is %s' % (user_type, user_age))
    # 打印爱好信息
    for h in hobby:
        print(h)

# 调用函数
user_info('student', 18)
user_info('student', 17, '足球', '音乐', '电影')
```

扫一扫，看视频

程序执行结果为：

```
User is student,age is 18
User is student,age is 17
足球
音乐
电影
```

通过输出的结果可以看出，*hobby 是可变参数，且 hobby 其实就是一个 tuple（元组）。可变长参数也支持关键字参数，没有被定义的关键字参数会被放到一个字典里。这种方式是在参数前边加 **，更改上面的示例如下：

【例 5-6】演示可变参数的使用。

```
# -*- coding: utf-8 -*-
def user_info(user_type, user_age, **kw):
    """打印用户信息"""
    print('User is %s,age is %s' % (user_type, user_age))
        # 打印爱好信息
    if 'hobby' in kw:
        print('爱好:{}'.format(kw))

# 调用函数
user_info('student', 17, hobby=('足球', '音乐', '电影'))
```

扫一扫，看视频

程序执行结果为：

```
User is student,age is 17
爱好:{'hobby': ('足球', '音乐', '电影')}
```

通过对比上面的例子可以知道，*hobby 是可变参数，其实就是一个 tuple（元组），**kw 是可变关键字参数，kw 就是一个 dict（字典），通常可变关键字参数用 **kw 表示。

5.2.3　函数返回值

在函数中，可使用 return 语句将值返回到调用函数的代码行。返回值能够将程序的大部分繁重工作移到函数中去完成，从而简化主程序。return[表达式] 退出函数，选择性地向调用方返回一个表达式。不带参数值的 return 语句返回 None。

【例 5-7】演示函数返回值。

```
# -*- coding: utf-8 -*-
def calc(numbers):
    """求和"""
    sum = 0
    for n in numbers:
        sum = sum + n
    return sum

# 调用函数
s = calc([1, 2, 3, 4, 5])
print('s=', s)
```

扫一扫，看视频

程序执行结果为：

```
s= 15
```

参数 [1,2,3,4,5] 是一个 list，利用 for 循环遍历列表元素累加求和，然后将值赋值给 sum，return 返回到调用处。

5.3 变量的作用域

5.3.1 作用域

一个程序所有的变量并不是在哪个位置都可以访问的。访问权限取决于这个变量是在哪里赋值的。

变量的作用域决定了在哪一部分程序可以访问哪个特定的变量名称。两种最基本的变量作用域为全局作用域和局部作用域。

对应的变量分别称为全局变量和局部变量。

定义在函数内部的变量拥有一个局部作用域，定义在函数外的变量拥有全局作用域。局部变量只能在其被声明的函数内部访问，而全局变量可以在整个程序范围内访问。调用函数时，所有在函数内声明的变量名称都将被加入到作用域中，见例 5-8。

【例 5-8】演示全局变量和局部变量。

```
# -*- coding: utf-8 -*-

s = 0  # s是全局变量

def sum_numbers(a, b):
    """求两数的和"""
    s = a + b  # s在这里是局部变量,会屏蔽全局变量
    print('局部变量s=', s)
    return s

# 调用
sum_numbers(5, 6)
print('函数外全局变量s=', s)
```

扫一扫，看视频

程序执行结果为：

```
局部变量s= 11
函数外全局变量s= 0
```

5.3.2 global 和 nonlocal 关键字

如果在函数内部想要为一个定义在函数外的变量赋值，那么要告诉 Python 这个变量名不是局部的，而是全局的。使用 global 语句可以完成这一功能。没有 global 语句，是不能为定义在函数外的变量赋值的。

可以使用定义在函数外的变量的值（假设在函数内没有同名的变量）。然而，并不鼓励这样做，并且应该尽量避免这样做，因为这使得阅读程序的人不清楚这个变量是在哪里定义的。使用 global 语句可以清楚地表明变量是在外面的块定义的。

【例 5-9】演示 global 关键字。

扫一扫，看视频

```
# -*- coding: utf-8 -*-

x = 50  # x是全局变量
```

```
def func():
    global x

    print('x原值:', x)
    x = 100
    print('x改变后的值:', x)


func()
print('x现在的值:', x)
```

程序执行结果为：

```
x原值：50
x改变后的值：100
x现在的值：100
```

Python 支持函数的嵌套，如果要修改嵌套作用域（enclosing 作用域，外层非全局作用域）中的变量则需要 nonlocal 关键字，见例 5-10。

【例 5-10】演示 nonlocal 关键字。

扫一扫，看视频

```
# -*- coding: utf-8 -*-

def out_func():
    """外部函数"""
    x = 5
    def inner_func():
        """内部嵌套函数"""
        nonlocal x    # nonlocal关键字声明
        x = 10
        print(x)
    inner_func()
    print(x)

# 调用外部函数
out_func()
```

程序执行结果为：

```
10
10
```

5.4　lambda 表达式

有没有想过定义一个很短的回调函数，但又不想用 def 的形式去写一个那么长的函数，那么有没有快捷方式呢？答案是有的。

Python 使用 lambda 来创建匿名函数，也就是一个不再使用 def 语句这样标准的形式定义的函数。

匿名函数主要有以下特点：

（1）lambda 只是一个表达式，函数体比 def 简单很多。

（2）lambda 的主体是一个表达式，而不是一个代码块，仅仅能在 lambda 表达式中封装有限的逻辑。

（3）lambda 函数拥有自己的命名空间，且不能访问自有参数列表之外或全局命名空间里的参数。

语法格式如下：

```
lambda [arg1 [,arg2,.....argn]]:expression
```

【例 5-11】演示 lambda 表达式。

```
# -*- coding: utf-8 -*-


# lambda 表达式求x*y的值
f = lambda x, y: x * y
print(f(2, 3))
```

扫一扫，看视频

程序执行结果为：

```
6
```

这个 lambda 相当于如下自定义函数：

```
def f(x, y):
return x * y
```

5.5 递归函数

5.5.1 递归函数的形式

在程序中一个函数调用另外一个函数，称为嵌套调用，例如 f1 调用 f2，f2 调用 f3。当函数直接或间接调用本身称为递归调用，例如 f1 调用 f2，f2 调用 f1 或者 f1 直接调用 f1。

【例 5-12】递归计算 1+2+3+…+100。

```
 def sum(n):
    if n == 1:
        return 1
    else:
        return n + sum(n - 1)
print(sum(100))
```

扫一扫，看视频

print 函数嵌套调用 sum，而 sum 函数递归调用 sum。程序将输出：

```
5050
```

程序中递归调用的过程其实相当于：

sum(100) = 100 + sum(99)

=100 + 99 + sum(98)

=……

=100+99+98+…+2+sum(1)

=100+99+98+…+2+1

只有 sum(1) 返回具体的值 1，程序陆续返回直至计算结束。

同样的方法可以计算阶乘，例如下面的程序计算 100 的阶乘，即 100!：

```
def factorial(n):
    if n == 1:
        return 1
    else:
        return n * factorial(n - 1)


print(factorial(100))
```

输出：

```
    9332621544394415268169923885626670049071596826438162146859296389521759999
93229915608941463976156518286253697920827223758251185210916864000000000000000
0000000000
```

*5.5.2　汉诺塔游戏

汉诺塔 (Hanoi) 游戏又称圆盘游戏，玩法如下：

有 3 个柱子 A、B、C，其中柱 A 上由大到小穿插 n 个中间含孔的圆盘，要求借助柱 B，将这 n 个圆盘移动到柱 C 上，每次只能移动 1 个盘子，并且任何时候都不能出现大盘在上、小盘在下的情况，如图 5-1 所示。

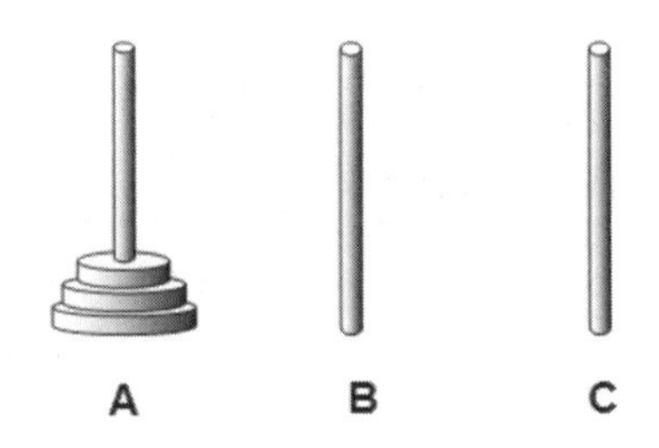

图 5-1　汉诺塔游戏示意图

算法：将 A 上 n 个盘子移动到 C 上，可以分 3 步完成：①将 A 上 n-1 盘子借助 C 移动到 B 上，②将下面的第 n 个盘子移动到 C 上，③将 B 上 n-1 盘子借助 A 移动到 C，如图 5-2 所示。

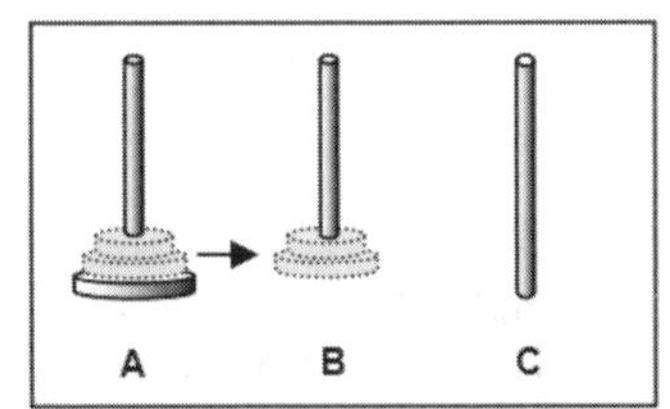

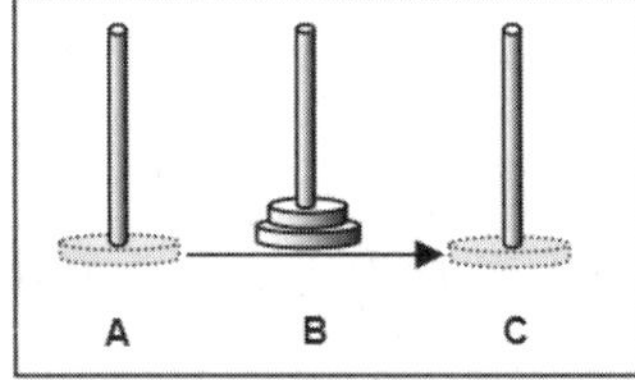

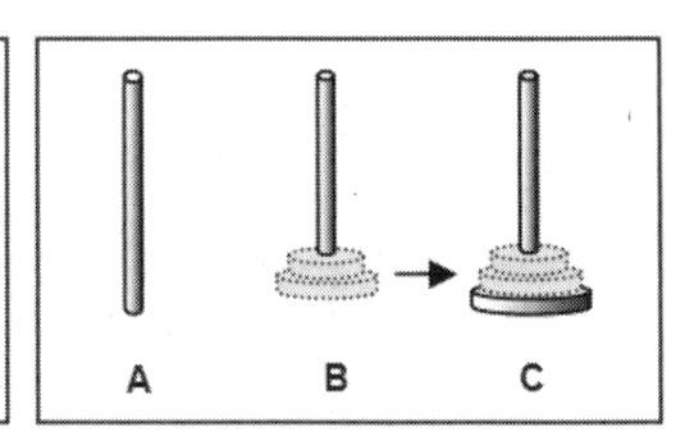

图 5-2　汉诺塔游戏算法示意图

同样的方法，移动 n-1、n-2、…、2、1 个盘子。

这是典型的递归调用，为了更好地理解，请大家观察下面程序的运行结果。

【例 5-13】模拟汉诺塔游戏。

```
def move(n, a, b, c):
    if (n == 1):
        print(a, "->", c)
        return
    move(n - 1, a, c, b)
    move(1, a, b, c)
    move(n - 1, b, a, c)

move(3, "a", "b", "c")
```

扫一扫，看视频

输出：

```
a -> c
a -> b
c -> b
a -> c
b -> a
b -> c
a -> c
```

*5.6 偏函数

Python 的 functools 模块提供了很多有用的功能，其中一个就是偏函数（Partial function），这个功能可以实现用代码创建一个新的函数。例如：

```
import  functools

int2 = functools.partial(int, base=2)
int8 = functools.partial(int, base=8)
int16 = functools.partial(int, base=16)
print(int2("01000001"))
print(int8("101"))
print(int16("41"))
```

输出：

```
65
65
65
```

程序中 int2 = functools.partial(int, base=2) 定义了一个偏函数 int2，相当于：

```
def int2(s,base=2):
    return int(s,base=2)
```

习题 5

一、单选题

1. Python 如何定义一个函数 ________。

A）class <name>(<type> arg1,<type> arg2,…<type> argN)

B）function <name>(arg1,arg2,…argN)

C）def <name>(arg1,arg2,…argN)

D）def <name>(<type> arg1,<type> arg2,…<type> argN)

2. python my.py v1 v2 命令运行脚本，通过 from sys import argv 如何获得 v2 的参数值？

A）argv[0]　　B）argv[1]　　C）argv[2]　　D）argv[3]

3. 下列代码的执行结果是 ________。

```
x = 1
def change(a):
    x += 1
    print(x)
change(x)
```

A）1　　B）2　　C）3　　D）报错

4. 下列哪种函数的参数定义不合法？________

A）def myfunc(*args):

B）def myfunc(arg1=1):

C）def myfunc(*args, a=1):

D）def myfunc(a=1, **args):

5. 一个段代码定义如下，下列调用结果正确的是 ________。

```
def bar(multiple):
    def foo(n):
        return multiple ** n
    return foo
```

A）bar(2)(3) == 8　　B）bar(2)(3) == 6

C）bar(3)(2) == 8　　D）bar(3)(2) == 6

6. 有如下函数定义，执行结果正确的是 ________。

```
def dec(f):
    n = 3
    def wrapper(*args,**kw):
        return f(*args,**kw) * n
    return wrapper

@dec
def foo(n):
```

```
    return n * 2
```

A）foo(2) == 12　　B）foo(3) == 12

C）foo(2) == 6　　D）foo(3) == 6

7. 执行以下代码的结果是 ________。

```
counter=0
def doThings():
    global counter
    for i in(1,2,3):
        counter+=1
doThings()
print(counter)
```

A）3　　B）5　　C）6　　D）8

8. 使用 ________ 关键字来创建 Python 自定义函数。

A）function　　B）func　　C）procedure　　D）def

9. 下面程序的运行结果为 ________。

```
a=10
def setNumber():
    a=100
setNumber()
print(a)
```

A）10　　B）100　　C）10100　　D）10010

二、填空题

1. Python 中定义函数的关键字是 ________。

2. 在函数内部可以通过关键字 ________ 来定义全局变量。

3. 如果函数中没有 return 语句或者 return 语句不带任何返回值，那么该函数的返回值为 ____________。

4. 如果要修改嵌套作用域（enclosing 作用域，外层非全局作用域）中的变量，则需要 ________ 关键字。

5. 表达式 sorted([111, 2, 33], key=lambda x: len(str(x))) 的值为 ______________。

6. 表达式 list(map(lambda x: x+5, [1, 2, 3, 4, 5])) 的值为 ____________________。

三、编程题

1. 编写一个函数，实现将摄氏温度转换为华氏温度，华氏温度 = 摄氏温度 *1.8+32。

2. 编写一个函数，统计一个英文字符串中每个字符出现的次数。例如：键盘输入一个字符串 "how are you"，输出结果为：{'h': 1, 'o': 2, 'w': 1, ' ': 2, 'a': 1, 'r': 1, 'e': 1, 'y': 1, 'u': 1}。

第 6 章　面向对象程序设计

扫一扫，看视频

◎ 掌握类的定义与使用的基本方法

◎ 掌握类的方法、属性、继承、多态的概念和使用

◎ 掌握模块和包的概念及使用

◎ 学会设计简单的类并应用在程序中

6.1 面向对象的概念

Python 是一门面向对象的语言，面向对象是一种抽象，抽象是指用分类的眼光去看世界的一种方法。用 Java 的编程思想来说就是：万事万物皆对象。也就是说在面向对象中，把构成问题的事物分解成各个对象。

面向对象有三大特性：封装、继承和多态。

1. 面向对象的两个基本概念

（1）类。类是用来描述具有相同的属性和方法的对象的集合，它定义了该集合中每个对象共有的属性和方法，对象是类的实例。

（2）对象。对象是通过类定义的数据结构实例。

2. 面向对象的三大特性

（1）继承。继承指的是一个派生类（derived class）继承基类（base class）的字段和方法，继承允许把一个派生类的对象作为一个基类对象对待。

例如，一个 Dog 类型的对象派生自 Animal 类，这是模拟 " 是一个（is-a）" 的关系。

（2）多态。多态是指对不同类型的变量进行相同的操作，会根据对象（或类）类型的不同而表现出不同的行为。

（3）封装。封装就是将抽象得到的数据和行为（或功能）相结合，形成一个有机的整体（即类），封装的目的是增强安全性和简化编程，使用者不必了解具体的实现细节，而只是通过外部接口，以特定的访问权限来使用类的成员或方法。

6.2 类的定义与使用

6.2.1 类的定义

下面编写一个表示动物的简单类 Animal，它表示的不是特定的动物，而是一大类动物，比如 Animal 代表的是猫、狗、虎等。对于大多数动物都具有名字和年龄属性，并且大多数动物会跑。由于大多数动物都具备上述两项信息（名字、年龄）和一种行为（跑），Animal 类将包含它们。这个类让 Python 知道如何创建表示动物的对象。编写这个类后，将使用它来创建表示特定动物的实例。

【例 6-1】演示类的定义。

```
# -*- coding: utf-8 -*-
class Animal(object):
    """动物类"""

    def __init__(self, name, age):
        """初始化name和age属性"""
        self.name = name
        self.age = age

    def run(self):
        """动物跑"""
        print(self.name + " is running")
```

类定义的语法格式如下：

```
class ClassName:
    <statement-1>
    .
    .
    .
    <statement-N>
```

一个类是由属性和方法组成的。

类中的函数称为方法，前面学到的有关函数的一切都适用于方法。有些时候定义类的时候需要设置类的属性，因此这就需要构造函数。类的构造函数的格式如下：

```
def __init__(self,[...):
```

方法 __init__() 是一个特殊的方法，根据 Animal 类创建新实例时，Python 都会自动运行它。在这个方法的名称中，开头和末尾各有两个下划线，这是一种约定，避免 Python 默认方法与普通方法发生名称冲突。

例 6-1 中方法 __init__() 的定义包含三个形参：self、name 和 age。在这个方法的定义中，形参 self 必不可少，且必须位于其他形参的前面，self 代表的是当前对象。

6.2.2 类的实例

1. 创建和使用实例

可将类看成是有关如何创建实例的说明。Animal 类是一系列说明，让 Python 知道如何创建表示特定动物的实例。

下面创建一个表示特定动物的实例，这个动物的名字叫“哈利”，年龄为 2。

扫一扫，看视频

【例 6-2】演示类的实例化。

```
# -*- coding: utf-8 -*-
class Animal(object):
```

```
    """动物类"""

    def __init__(self, name, age):
        """初始化name和age属性"""
        self.name = name
        self.age = age

    def run(self):
        """动物跑"""
        print(self.name + " is running")

# 实例化对象
a = Animal("哈利", 2)
# 调用对象的方法
a.run()
```

程序执行结果为：

```
哈利 is running
```

这里使用的是前一个示例中编写的 Animal 类。a = Animal(" 哈利 ", 2)，这行代码让 Python 创建一个名字为 ' 哈利 '、年龄为 2 的动物。遇到这行代码时，Python 使用实参 ' 哈利 ' 和 2 调用 Animal 类中的方法 __init__()。方法 __init__() 创建一个表示特定动物的实例，并使用我们提供的值来设置属性 name 和 age。方法 __init__() 并未显式地包含 return 语句，但 Python 自动返回一个表示这个动物的实例，将这个实例存储在变量 a 中。通常可以认为首字母大写的名称 (如 Animal) 指的是类，而小写的名称 (如 a) 指的是根据类创建的实例。

根据 Animal 类创建实例后，就可以使用句点表示法来调用 Animal 类中定义的任何方法，要调用方法，可指定实例的名称 (这里是 a 和要调用的方法，并用句点分隔它们)。遇到代码 a.run() 时，Python 在类 Animal 中查找方法 run() 并运行其代码。

2. 实例销毁

实例销毁即对象销毁、垃圾回收。

Python 使用了“引用计数”技术来实现对象的跟踪和垃圾回收。

在 Python 内部记录着所有使用中的对象各有多少引用。当对象被创建时，就创建了一个引用计数器，其实就是一个内部跟踪变量。

当对象的引用计数变为 0 时，表示对象不再需要，将被垃圾回收。回收不是“立即”执行，而是由解释器选择适当的时机。

当程序中出现循环引用时，仅使用引用计数是不够的，Python 的垃圾回收机制也可以处理这种情况。

当对象销毁时，析构函数 __del__ 将被调用，当对象不再被使用时，将运行 __del__ 方法。

6.2.3 类的属性

1. 定义类属性

（1）直接在类里定义类属性。

由于 Python 是动态语言，根据类创建的实例可以任意绑定属性。给实例绑定属性的方法是通过实例变量或者通过 self 变量。

但是，如果 Animal 类本身需要绑定一个属性呢？可以直接在 class 中定义属性，这种属性是类属性，归 Animal 类所有，所有的实例化对象都具有这个属性，都可以访问使用。例如：

```
class Animal(object):
    area='非洲'
```

属性 area=' 非洲 '，代表这类动物所在的区域都是非洲。

（2）在构造函数中定义属性。

顾名思义，就是在构造对象的时候，对属性进行定义。例如：

```
def __init__(self, name, age):
        """初始化name和age属性"""
        self.name = name
        self.age = age
```

2. 属性的访问控制

在 Java 中，有 public（公共）属性和 private（私有）属性，这可以对属性进行访问控制。那么在 Python 中有没有属性的访问控制呢？

一般情况下，使用 __private_attrs 两个下划线开头，声明该属性为私有，不能在类的外部被使用或直接访问。在类的内部方法中可通过 self.__private_attrs 访问。

为什么只能说一般情况下呢？因为实际上，Python 中没有提供私有属性等功能。Python 对属性的访问控制是靠程序员自觉遵守约定的。为什么这么说呢？看看下面的示例。

【例 6-3】演示类的私有属性。

扫一扫，看视频

```
# -*- coding: utf-8 -*-

class Student(object):
"""学生类"""

    def __init__(self, name, sex, score):
        self.name = name
        self._sex = sex          # 一个下划线开头，是遵守Python规范的私有属性
        self.__score = score
                         # 两个下划线开头，不可直接访问的私有属性，但可通过其他方法访问

    def get_score(self):
        return self.__score


if __name__ == '__main__':
```

```
    student = Student('小丫', '女', 90)
    # 打印所有属性
    print(dir(student))
    # 打印构造函数中的属性
    print(student.__dict__)
    print(student.get_score())
    # 用于验证双下划线是否是真正的私有属性
    print(student._Student__score)
```

运行结果如下：

```
['_Student__score', '__class__', '__delattr__', '__dict__', '__dir__', '__doc__', '__eq__', '__format__', '__ge__', '__getattribute__', '__gt__', '__hash__', '__init__', '__init_subclass__', '__le__', '__lt__', '__module__', '__ne__', '__new__', '__reduce__', '__reduce_ex__', '__repr__', '__setattr__', '__sizeof__', '__str__', '__subclasshook__', '__weakref__', '_sex', 'get_score', 'name']
{'name': '小丫', '_sex': '女', '_Student__score': 90}
90
90
```

输出结果中的第一个 90 是通过类内部自定义方法 get_score() 来返回其私有属性获得，第二个 90 是通过 student._Student__score 访问到其私有属性的。

3. Python 内置类属性

Python 内置类属性如表 6-1 所示。

表 6-1　Python 内置类属性

属性	说明
__dict__	类的属性（包含一个字典，由类的数据属性组成）
__doc__	类的文档字符串
__name__	类名
__module__	类定义所在的模块（类的全名是 '__main__.className'，如果类位于一个导入模块 mymod 中，那么 className.__module__ 等于 mymod）
__bases__	类的所有父类构成元素（包含一个由所有父类组成的元组）

6.3　类的方法

6.3.1　类的常用内置方法

类的常用内置方法如表 6-2 所示。

表 6-2　类的常用内置方法

方法名	说　明
__init__(self,...)	初始化对象，在创建新对象时调用
__del__(self)	释放对象，在对象被删除之前调用
__new__(cls, *args, **kwargs)	实例的生成操作

续表

方法名	说 明
__str__(self)	在使用 print 语句时被调用
__getitem__(self,key)	获取序列的索引 key 对应的值
__len__(self)	在调用内联函数 len() 时被调用
__cmp__(self,other)	比较两个对象 self 和 other
__getattr__(self, item)	获取属性的值
__setattr__(self, key, value)	设置属性的值
__delattr__(self, item)	删除 item 属性
__gt__(self,other)	判断 self 对象是否大于 other 对象
__lt__(self,other)	判断 self 对象是否小于 other 对象
__ge__(self,other)	判断 self 对象是否大于或者等于 other 对象
__le__(self,other)	判断 self 对象是否小于或者等于 other 对象
__eq__(self,other)	判断 self 对象是否等于 other 对象
__call__(self, *args, **kwargs)	把实例对象作为函数调用

有些时候需要获取类的相关信息，可以使用如下方法：

- type(obj)：获取对象的相应类型；
- isinstance(obj, type)：判断对象是否为指定的 type 类型的实例；
- hasattr(obj, attr)：判断对象是否具有指定属性 / 方法；
- getattr(obj, attr[, default]) 获取属性 / 方法的值，要是没有对应的属性，则返回 default 值（前提是设置了 default），否则会抛出 AttributeError 异常；
- setattr(obj, attr, value)：设定该属性 / 方法的值，类似于 obj.attr=value；
- dir(obj)：可以获取相应对象的所有属性和方法名的列表。

6.3.2 方法的访问控制

其实也可以把方法看成是类的属性，方法的访问控制也跟属性是一样的，一般在方法名前面加上单下划线表示私有方法。其实没有实质上的私有方法，一切都是靠程序员自觉遵守 Python 的编程规范。

示例如下，其中 _get_password(self) 方法就是私有方法。

【例 6-4】演示类的私有方法。

扫一扫，看视频

```
# -*- coding: utf-8 -*-

class Student(object):
    """学生类"""

    def __init__(self, name, sex, score, password):
        self.name = name
        self._sex = sex          # 一个下划线开头,是遵守Python规范的私有属性
        self.__score = score
          # 两个下划线开头,不可直接访问的私有属性,但可通过其他方法访问
        self.password = password
```

```
    def get_score(self):
        return self.__score

    # 遵守Python规范的私有方法
    def _get_password(self):
        pass
```

6.3.3　方法的装饰器

- @classmethod 调用时直接使用类名类调用，而不是某个对象，classmethod 修饰符对应的函数不需要实例化，不需要 self 参数，但第一个参数需要是表示自身类的 cls 参数，可以调用类的属性、类的方法、实例化对象等；
- @property 可以像访问属性一样调用方法；
- @staticmethod 返回函数的静态方法，类不用实例化就可以调用该方法，比如类 C 有个静态方法 f()，可以用 C.f() 调用，也可以先实例化一个对象 c，然后用 c.f() 调用。

【例 6-5】演示方法装饰器。

扫一扫，看视频

```
# -*- coding: utf-8 -*-

class Student(object):
    """学生类"""
    school = "中国计算大学"      #学校名称

    def __init__(self, name, sex, score):
        self.name = name
        self._sex = sex          #一个下划线开头，是遵守Python规范的私有属性
        self.__score = score
         #两个下划线开头，不可直接访问的私有属性，但可通过其他方法访问

    def get_score(self):
        return self.__score

    @classmethod
    def get_school(cls):
        return cls.school

    @property
    def get_sex(self):
        return self._sex

    @staticmethod
    def get_country():
        return "中国"
```

```
if __name__ == '__main__':
    student = Student('小丫', '女', 90)
    # 打印所有属性
    print(dir(student))
    # 打印构造函数中的属性
    print(student.__dict__)
    # 直接使用类名调用方法,不需要实例化
    print(Student.get_school())
    # 调用get方法
    print(student.get_score())
    # 像访问属性一样调用方法(注意看get_sex是没有括号的)
    print(student.get_sex)
    # 调用静态方法
    print(Student.get_country())
```

运行结果如下：

```
['_Student__score', '__class__', '__delattr__', '__dict__', '__dir__', '__doc__', '__eq__', '__format__', '__ge__', '__getattribute__', '__gt__', '__hash__', '__init__', '__init_subclass__', '__le__', '__lt__', '__module__', '__ne__', '__new__', '__reduce__', '__reduce_ex__', '__repr__', '__setattr__', '__sizeof__', '__str__', '__subclasshook__', '__weakref__', '_sex', 'get_school', 'get_score', 'get_sex', 'name', 'school']
{'name': '小丫', '_sex': '女', '_Student__score': 90}
中国计算大学
90
女
中国
```

6.4 继承

编写类时，并非总是要从空白开始。如果要编写的类是另一个现成类的特殊版本，可使用继承。一个类继承另一个类时，它将自动获得另一个类的所有属性和方法，原有的类称为父类或基类，而新类称为子类。 子类继承了其父类的所有属性和方法，同时可以定义自己的属性和方法。

首先来看下类的继承的基本语法：

```
class ClassName(Base1,Base2,Base3):
    <statement-1>
    .
    .
    .
    <statement-N>
```

在定义类的时候，可以在括号里写继承的类，如果不用继承类的时候，也要写继承

object 类，因为在 Python 中 object 类是一切类的父类。Python 也是支持多继承的，多继承有一点需要注意：若是父类中有相同的方法名，而在子类使用时未指定，Python 在圆括号中查找父类方法的顺序是从左至右搜索，即方法在子类中未找到时，从左到右查找父类中是否包含方法。

6.4.1　子类的 __init__() 方法

创建子类的实例时，Python 首先需要完成的任务是给父类的所有属性赋值。因此，子类的方法 __init__() 需要父类协助完成。

例如，下面来模拟动物类的一种狗。狗是一种特殊的动物，可以在前面创建的 Animal 类的基础上创建新类 Dog，这样只需为狗类特有的属性和行为编写代码。

下面创建一个简单的 Dog 类，它具备 Animal 类的所有功能。

【例 6-6】演示类的继承。

扫一扫，看视频

```
# -*- coding: utf-8 -*-

class Animal(object):
    """动物类"""

    def __init__(self, name, age):
        """初始化name和age属性"""
        self.name = name
        self.age = age

    def run(self):
        """动物跑"""
        print(self.name + " is running")

class Dog(Animal):
    """狗类,继承父类Animal"""

    def __init__(self, name, age):
        """初始化父类的属性"""
        super().__init__(name, age)

# 实例化对象
d = Dog("旺财", 2)
# 调用对象的方法
d.run()
```

程序执行结果为：

```
旺财 is running
```

6.4.2　子类添加新的属性和方法

让一个类继承另一个类后，可添加区分子类和父类所需的新属性和方法。下面添加一个狗特有的属性皮毛颜色（假设是黑狗），以及一个狗叫的方法。

【例 6-7】演示子类添加新的属性和方法。

扫一扫，看视频

```
# -*- coding: utf-8 -*-

class Animal(object):
    """动物类"""

    def __init__(self, name, age):
        """初始化name和age属性"""
        self.name = name
        self.age = age

    def run(self):
        """动物跑"""
        print(self.name + " is running")

class Dog(Animal):
    """狗类,继承父类Animal"""

    def __init__(self, name, age):
        """初始化父类的属性,再初始化狗类特有的皮毛属性"""
        super().__init__(name, age)
        self.fur_color = 'black'

    def bark(self):
        """狗类特有的叫声"""
        print(self.name + " 汪汪！")

if __name__ == '__main__':
    # 实例化对象
    d = Dog("旺财", 2)
    # 打印构造函数中的属性
    print(d.__dict__)
    # 调用狗对象的方法
    d.bark()
```

程序执行结果为：

```
{'name': '旺财', 'age': 2, 'fur_color': 'black'}
旺财 汪汪!
```

说明：

（1）self.fur_color = 'black'，给狗类添加了新属性 fur_color，并设置其初始值为“black”。根据 Dog 类创建的所有实例都将包含这个属性，但所有 Animal 实例都不包含它。

（2）def bark(self)，为狗类添加了一个名为 bark() 的方法，它打印狗叫的信息。d.bark()，调用这个方法时，将看到一条描述狗叫的信息。

如果一个属性或方法是任何 Animal 都有的，而不是 Dog 特有的，就应将其加入到 Animal 类而不是 Dog 类中。这样，使用 Animal 类将获得相应的功能，而 Dog 类只包含狗类特有的属性和行为。

6.4.3　重写方法

1. 重写父类的方法

对于父类的方法，只要它不符合子类模拟的实物的行为，都可对其进行重写。因此，可以在子类中定义一个这样的方法，即它与要重写的父类方法同名，这样，Python 将不会考虑这个父类方法，而只关注在子类中定义的相应方法。

Animal 类有一个名为 run() 的方法，但是它描述的行为不太符合狗，因此要重写它。下面演示了一种重写方式。

【例 6-8】演示子类重写父类的方法。

扫一扫，看视频

```
# -*- coding: utf-8 -*-

class Animal(object):
    """动物类"""

    def __init__(self, name, age):
        """初始化name和age属性"""
        self.name = name
        self.age = age

    def run(self):
        """动物跑"""
        print(self.name + " is running")

class Dog(Animal):
    """狗类,继承父类Animal"""

    def __init__(self, name, age):
        """初始化父类的属性,再初始化狗类特有的皮毛属性"""
        super().__init__(name, age)
        self.fur_color = 'black'

    def bark(self):
        """狗类特有的叫声"""
        print(self.name + " 汪汪! ")

    def run(self):
        """狗跑,重写父类方法"""
```

```
        print(self.name + " dog is running quickly!")


if __name__ == '__main__':
    # 实例化对象
    d = Dog("旺财", 2)
    # 调用狗的跑的方法
    d.run()
```

程序执行结果为：

```
旺财 dog is running quickly!
```

如果对 Dog 类调用方法 run()，Python 将忽略 Animal 类中的方法 run()，而执行子类中的方法。使用继承时，可让子类保留从父类那里继承而来的特性，也可以覆盖父类的行为。

2. 运算符重载

通过重写方法，可以实现运算符重载。

Python 语言本身提供了很多魔法方法，它的运算符重载就是通过重写这些 Python 内置魔法方法实现的。这些魔法方法都是以双下划线开头和结尾的，类似于 __add__ 的形式，Python 通过这种特殊的命名方式来拦截操作符，以实现重载。当 Python 的内置操作运用于类对象时，Python 会去搜索并调用对象中指定的方法完成操作。

下面的例子通过修改 __add__ 方法实现了 MyAddClass 实例的“+”运算符重载。

```
#!/usr/bin/python
class MyAddClass:
    def __init__(self, a):
        self.a = a

    def __str__(self):
        return '%d' % (self.a)

    def __add__(self, right):
        x=0
        for i in self.a:
            x=x+i
        for i in right.a:
            x=x+i
        return x

a = MyAddClass([1,2,3,4,5,6])
b = MyAddClass([7,8,9,10])
print(a + b )
```

输出结果为：

```
55
```

6.5 多态

多态的概念其实不难理解，它是指对不同类型的变量进行相同的操作，它会根据对象（或类）类型的不同而表现出不同的行为。事实上，我们经常用到多态的性质，比如：

```
>>> 2+3
5
>>> 'a'+'b'
'ab'
```

可以看到，对两个整数进行 + 操作，会返回它们的和，对两个字符进行相同的 + 操作，会返回拼接后的字符串。也就是说，不同类型的对象对同一消息会作出不同的响应。看下面的示例来了解多态。

【例 6-9】演示多态。

扫一扫，看视频

```
# -*- coding: utf-8 -*-

class Animal(object):
    """动物类"""

    def __init__(self, name, age):
        """初始化name和age属性"""
        self.name = name
        self.age = age

    def run(self):
        """动物跑"""
        print(self.name + " is running")


class Dog(Animal):
    """狗类,继承父类Animal"""

    def __init__(self, name, age):
        """初始化父类的属性"""
        super().__init__(name, age)

    def run(self):
        """狗跑,重写父类方法"""
        print(self.name + " dog is running quickly!")

class Bear(Animal):
    def __init__(self, name, age):
        """初始化父类的属性"""
        super().__init__(name, age)
```

```
    def run(self):
        """熊跑,重写父类方法"""
        print(self.name + " bear is running slowly!")

def printAnimalRunInfo(animal):
    animal.run()

if __name__ == '__main__':
    d = Dog("旺财", 2)
    printAnimalRunInfo(d)
    b = Bear("熊大",3)
    printAnimalRunInfo(b)
```

程序执行结果为：

```
旺财 dog is running quickly!
熊大 bear is running slowly!
```

可以看到，d 和 b 是两个不同的对象，对它们调用 printAnimalRunInfo 方法，它们会自动调用实际类型的 run 方法，作出不同的响应，这就是多态的魅力。有了继承，才有了多态，也会有不同类的对象对同一消息作出不同的响应。

6.6 模块与包

6.6.1 模块简介

在计算机程序的开发过程中，随着程序代码越写越多，在一个文件里代码就会越来越长，越来越不容易维护。为了编写可维护的代码，可以把很多函数分组，分别放到不同的文件里，这样，每个文件包含的代码就相对较少，很多编程语言都采用这种组织代码的方式。在 Python 中，一个 .py 文件就称为一个模块（Module）。

使用模块不仅可以大大提高代码的可维护性，而且编写代码不必从零开始。当一个模块编写完毕，就可以被其他地方引用。在编写程序的时候，也经常引用其他模块，包括 Python 内置的模块和来自第三方的模块。比如在 Python 默认的安装目录：

```
C:\Users\Administrator\AppData\Local\Programs\Python\Python36\Lib
```

就可以发现里面都是 .py 文件，这些就是 Python 内置的模块。

使用模块还可以避免函数名和变量名冲突。相同名字的函数和变量完全可以分别存在不同的模块中，因此，编写模块时，不必考虑名字会与其他模块冲突。但是也要注意，尽量不要与内置函数名字冲突。

6.6.2 模块的使用

1. import 导入整个模块

Python 模块的使用跟其他编程语言是类似的。如果要使用某个模块，在使用之前，必须导入这个模块。导入模块使用关键字 import，import 的基本语法如下：

```
import module1[, module2[,...moduleN]
```

这种方式导入后，如果要使用模块中的属性或方法，需要加上模块名前缀，例如：

```
模块名.属性名或方法名
```

一个模块只会被导入一次，而不管执行了多少次 import。这样可以防止导入模块被一遍又一遍地执行。

下面创建一个文件 p6_10.py，在其中导入【例 6-9】p6_9.py 中所有的类并创建 dog 和 bear 实例。

【例 6-10】演示使用 import 导入模块。

```
# -*- coding: utf-8 -*-
import p6_9


if __name__ == '__main__':
    # 创建dog实例
    dog = p6_9.Dog('旺财', 2)
    dog.run()

    # 创建bear实例
    bear = p6_9.Bear('熊二', 3)
    bear.run()
```

扫一扫，看视频

从上面例子可以看到，在实例化 Dog() 类时需要加上模块名 p6_9，这种用法有时候会让人觉得繁琐。

2. from…import 导入模块中的某些属性和方法

想直接导入模块中的某些属性和方法的话，可以使用 from … import 语句。语法格式如下：

```
from modname import name1[, name2[, ...nameN]]
```

再新建一个文件 p6_11.py，使用 from 语法导入【例 6-9】p6_9.py 中所有的类并创建其实例，看看和上例有什么区别。

【例 6-11】演示使用 from 导入模块。

```
# -*- coding: utf-8 -*-
from p6_9 import Dog, Bear


if __name__ == '__main__':
    # 创建dog实例
    dog = Dog('旺财', 2)
    dog.run()

    # 创建bear实例
    bear = Bear('熊二', 3)
    bear.run()
```

扫一扫，看视频

从上面例子可以看出，在实例化 Dog() 类时，已经不需要加上模块名 p6_9 前缀了，可以直接使用 Dog() 类构造方法实例化对象。

使用 from … import * 语句，可以把某个模块中的所有方法属性都导入，不推荐使用这种导入方式，其原因有二。首先，如果只要看一下文件开头的 import 语句，就能清楚地知道程序使用了哪些类，将大有裨益，但这种导入方式没有明确地指出使用了模块中的哪些类。这种导入方式还可能引发名称方面的困惑。如果不小心导入了一个与程序文件中其他东西同名的类，将引发难以诊断的错误。这里之所以介绍这种导入方式，是因为可能会在别人编写的代码中见到它。需要从一个模块中导入很多类时，最好导入整个模块，并使用 module_name.class_name 语法来访问类。

3. 搜索路径

当导入一个模块，Python 解析器对模块位置的搜索顺序是：

（1）当前目录。

（2）如果不在当前目录，Python 则搜索变量 PYTHONPATH 下的每个目录。

（3）如果都找不到，Python 会查看默认路径。

模块搜索路径存储在 system 模块的 sys.path 变量中。查看 sys.path 的方法如下：

```
import sys
print(sys.path)
```

例如下面的输出结果：

```
['D:\\python\\Program', 'D:\\python\\Program', 'D:\\python\\Program\\Scripts\\python36.zip', 'D:\\python\\Program\\DLLs', 'D:\\python\\Program\\lib', 'D:\\python\\Program\\Scripts', 'C:\\Python\\Lib', 'C:\\Python\\DLLs', 'D:\\python\\Program\\lib\\site-packages', 'D:\\python\\Program\\lib\\site-packages\\win32', 'D:\\python\\Program\\lib\\site-packages\\win32\\lib', 'D:\\python\\Program\\lib\\site-packages\\Pythonwin', 'C:\\Program Files\\JetBrains\\PyCharm 2017.3\\helpers\\pycharm_matplotlib_backend']
```

4. dir() 函数

dir() 函数一个排好序的字符串列表，内容是一个模块里定义过的名字。

返回的列表容纳了在一个模块里定义的所有模块、变量和函数。例如下面的语句：

```
import math
print(dir(math))
```

输出结果为：

```
['__doc__', '__loader__', '__name__', '__package__', '__spec__', 'acos', 'acosh', 'asin', 'asinh', 'atan', 'atan2', 'atanh', 'ceil', 'copysign', 'cos', 'cosh', 'degrees', 'e', 'erf', 'erfc', 'exp', 'expm1', 'fabs', 'factorial', 'floor', 'fmod', 'frexp', 'fsum', 'gamma', 'gcd', 'hypot', 'inf', 'isclose', 'isfinite', 'isinf', 'isnan', 'ldexp', 'lgamma', 'log', 'log10', 'log1p', 'log2', 'modf', 'nan', 'pi', 'pow', 'radians', 'sin', 'sinh', 'sqrt', 'tan', 'tanh', 'tau', 'trunc']
```

6.6.3 包

如果不同的人编写的模块名相同怎么办？为了避免模块名冲突，Python 又引入了按目录来组织模块的方法，称为包（Package）。

包其实就是一个文件夹，子包就是子文件夹。

举个例子，一个 user.py 文件就是一个名字为 user 的模块，一个 page.py 文件就是一个名字为 page 的模块。现在，假设 user 和 page 这两个模块名字与其他模块冲突了，可以通过包来组织模块，避免冲突。方法是选择一个顶层包名，比如 models，按照如下目录存放：

```
models
├── __init__.py
├── user.py
└── page.py
```

引入了包以后，只要顶层的包名不与别人冲突，那么所有模块都不会与别人冲突。现在，user.py 模块的名字就变成了 models.user，类似的，page.py 的模块名变成了 models.page。

注意，每一个包目录下面都会有一个 __init__.py 文件，这个文件是必须存在的，否则，Python 就把这个目录当成普通目录，而不是一个包。__init__.py 可以是空文件，也可以有 Python 代码，因为 __init__.py 本身就是一个模块，而它的模块名就是 models。类似的，可以有多级目录，组成多级层次的包结构。比如如下的目录结构：

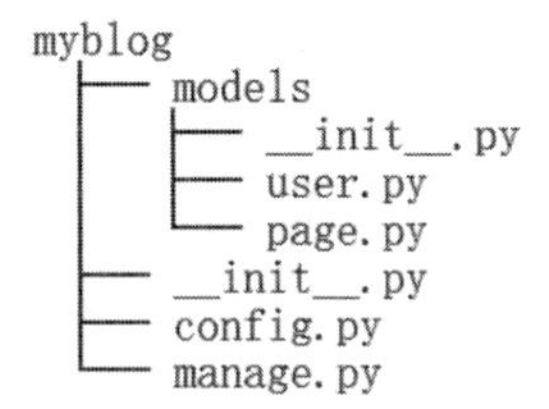

文件 page.py 的模块名就是 myblog.models.page，manage.py 的模块名是 myblog.manage。

习题 6

一、单选题

1. Python 一般使用 _________ 函数进行实例的初始化。

A ）new( )　　B ）__construct( )

C ）__init__( )　　D ）set( )

2._________ 不属于 Python 的内置类属性。

A ）__dict__　　B ）__name__　　C ）__module__　　D ）__type__

3._________ 不属于 Python 类的内置方法。

A ）__print__( )　　B ）__init__( )　　C ）__del__( )　　D ）__new__( )

4. 有如下定义：

```
class Animal(object):
area='非洲'
```

关于 area 说法错误的是 _________。

A ）area 是 Animal 的类属性　　B ）area 是 Animal 的私有属性

C ）area 可直接通过类名访问　　D ）area 可通过类的实例访问

5. 下列符号一般用来表示 Python 类的私有属性的是 _________。

A ）_　　B ）_ _　　C ）private　　D ）self

6. Python 中对某个对象使用 type 函数，如 type(object)，得到的结果是 _________。

A ）获取对象的相应类型

B ）判断对象是否为指定的 type 类型的实例

C）强制转换对象的类型

D）获取相应对象的所有属性和方法名的列表

7. Python 中使用方法装饰器 @classmethod 表示 ________。

A）调用的时候直接使用类名类调用

B）必须使用对象实例调用

C）必须使用 self 参数调用

D）该方法是公有方法

8. 在 Python 中，不同子类重写了父类的同一个方法，各自在调用这个方法时却显示出不同的结果，这种方式称为 ________。

A）继承　　B）重载　　C）多态　　D）封装

9. 不是 Python 引入包的方法的是 ________。

A）import module　　B）form module import *

C）import module as mdl　　D）include < module>

10. 导入一个模块时，关于 Python 解析器对搜索位置，哪种说法是错误的？ ________

A）搜索 system32 目录

B）搜索当前目录

C）搜索在变量 PYTHONPATH 下的每个目录

D）搜索默认路径

11. 构造函数是类的一个特殊函数，在 Python 中构造函数的名称为 ________。

A）与类同名　　B）__construct　　C）__init__　　D）init

12. 在每个 Python 类中，都包含一个特殊的变量 ________，它表示当前类自身，可以使用它来引用类中的成员变量和成员函数。

A）this　　B）me　　C）self　　D）与类同名

二、填空题

1. Python 使用 ________ 关键字来定义类。

2. 表达式 isinstance('abc', str) 的值为 ________。

3. 表达式 isinstance('abc', int) 的值为 ________。

4. 定义类时，在一个方法前面使用 ________ 进行修饰，则该方法属于类方法。

5. 定义类时，在一个方法前面使用 ________ 进行修饰，则该方法属于静态方法。

6. 要获得一个对象的所有属性和方法，可以使用 ________ 函数。

7. 在 Python 中使用 ________ 关键字导入整个模块。

三、编程题

1. 新建 user.py 文件，编写 User 类，包含用户姓名、性别、密码属性，并编写一个名为 login 的登录方法，打印输出一行字符串 "User login success!"。

2. 新建 admin.py 文件，导入模块 user 中的 User 类，编写 Admin 类继承 User 类，并添加新的权限属性 privilege，重写 login 登录方法，打印输出一行字符串 "Admin login success!"。

第 7 章　文件

扫一扫，看视频

◎ 理解并掌握文件的概念、类型

◎ 掌握文件的基本操作方法

◎ 掌握目录的操作方法

◎ 了解 MD5、文件比对和 Office 文档操作的方法

"文件"是指一组相关数据的有序集合。这个数据集有一个名称，叫做文件名。在前面的章节中已经多次使用了文件，例如，源程序文件（.py 或 .pyw）、编译文件（.pyc）、头文件（.h）等。文件通常是存放在外部介质（如硬盘、光盘、优盘等）上的，操作系统也是以文件为单位对数据进行管理的，每个文件都通过唯一的"文件标识"来定位，即文件路径和文件名，例如：

```
D:\python\program\hello.py
```

读写文件是最常见的 IO 操作。Python 内置了读写文件的函数，用法和 C 语言兼容。

7.1　文件基本操作

7.1.1　文件类型

从文件编码和数据的组织方式上来看，文件通常可以简单地分为两类：文本文件和二进制文件 。这两种文件在不同操作系统或者不同软件系统上的形式并非是统一的。除此以外很多操作系统把设备也作为文件来对待，称为"设备文件"。

Python 处理文件的方式是统一的，即把所有文件都当成"字节流"，这和 C 语言等大多数语言是一样的。

Windows 下文件类型可以通过其扩展名来识别，但 Unix、Linux 下没有设定严格的扩展名界定文件类型的规则，甚至很多文件没有扩展名。

不可否认的是：扩展名识别类型是一个很好的方法。下面列出一些与 Python 有关的文件类型。

1. Python 程序文件

Python 的文件类型主要分为 3 种：源代码（source file）、字节码（byte-code file）、优化的字节码（optimized file）。这些代码都可以直接运行，不需要编译或者连接。这正是 Python 语言的特性，Python 的文件通过 python.exe 和 pythonw.exe 解释运行。

（1）".py"文件：Python 的源文件，由 python.exe 解释运行，可在控制台下运行。

（2）“.pyw”文件：图形开发用户接口（GUI）文件，作为桌面应用程序，这种文件用于开发图形界面，由 pythonw.exe 解释运行。

“.py”和“.pyw”文件都可以用文本编辑器打开并编辑。

（3）“.pyc”文件：Python 的源文件经过编译之后生成的文件，该文件不能用文本编辑器打开或编辑。“.pyc”文件与平台无关，因此 Python 的程序可以运行在 Windows、Unix 和 Linux 等系统上。

通过运行一下脚本可以将“.py”文件编译成“.pyc”文件。

2. 其他文件类型

（1）“.whl”文件：包文件。其实就是一个压缩包，包含了 py 文件，以及经过编译的 pyd 文件。这个格式可以使文件在不具备编译环境的情况下，选择合适自己的 Python 环境进行安装。

安装方法：pip install xxxx.whl

升级方法：pip install -U xxxx.whl

（2）“.pyd”文件：是一种 Python 动态模块，实质上还是 dll 文件，只是改了后缀为 PYD。Python 的扩展模块，一般用 C 或 C++ 编写。

（3）“.tcl”文件：Tool Command Language，Python 中 GUI 设计 Tkinter 包。

7.1.2 文件的打开和关闭

打开文件可以用 Python 内置的 open() 函数，创建一个 file 对象，关闭文件可以用 file 对象的 close 方法。

打开文件的语法如下：

file object = open(file_name [, access_mode][, buffering])

• file_name：变量，对应要访问的文件名称的一个字符串。

• access_mode：打开模式，包括只读、写入、追加等，如表 7-1 所示。该参数是非强制的，默认模式为只读 (r)。

• buffering：寄存值，0 表示没有寄存，1 表示寄存，大于 1 表示寄存区的缓冲大小，负值表示寄存区的缓冲大小为系统默认。

表 7-1 文件打开模式

模 式	含 义
"r"	以只读方式打开文件。文件的指针将会放在文件的开头。默认模式
"w"	打开一个文件只用于写入。如果该文件已存在则将其覆盖。如果该文件不存在，创建新文件
"a"	打开一个文件用于追加。如果该文件已存在，文件指针将会放在文件的结尾。也就是说，新的内容将会被写入到已有内容之后。如果该文件不存在，创建新文件进行写入
"rb"	以二进制格式打开一个文件用于只读。文件指针将会放在文件的开头。这是默认模式。一般用于非文本文件，如图片等
"wb"	以二进制格式打开一个文件只用于写入。如果该文件已存在则将其覆盖。如果该文件不存在，创建新文件。一般用于非文本文件，如图片等

续表

模 式	含 义
"ab"	以二进制格式打开一个文件用于追加。如果该文件已存在，文件指针将会放在文件的结尾。也就是说，新的内容将会被写入到已有内容之后。如果该文件不存在，创建新文件进行写入
"r+"	打开一个文件用于读写。文件指针将会放在文件的开头
"w+"	打开一个文件用于读写。如果该文件已存在则将其覆盖。如果该文件不存在，则创建新文件
"a+"	打开一个文件用于读写。如果该文件已存在，文件指针将会放在文件的结尾。文件打开时会是追加模式。如果该文件不存在，创建新文件用于读写
"rb+"	以二进制格式打开一个文件用于读写。文件指针将会放在文件的开头。一般用于非文本文件，如图片等
"wb+"	以二进制格式打开一个文件用于读写。如果该文件已存在则将其覆盖。如果该文件不存在，则创建新文件。一般用于非文本文件，如图片等
"ab+"	以二进制格式打开一个文件用于追加。如果该文件已存在，文件指针将会放在文件的结尾。如果该文件不存在，则创建新文件用于读写

打开文件成功，则 file 对象创建，可以访问以下属性：

- .closed：如果文件已被关闭则返回 true，否则返回 false。
- .mode：返回被打开文件的访问模式。
- .name：返回文件的名称。

【例 7-1】打开一个文本文件 readme.txt，文件存储在 D:\python\program 下。

```
file = open("d:\\python\\program\\readme.txt", "r")
print("name:", file.name)
print("closed:", file.closed)
print("mode:", file.mode)
file.close()
print("closed:", file.closed)
```

扫一扫，看视频

运行后显示：

```
name: d:\python\program\readme.txt
closed: False
mode: r
closed: True
```

注意：close() 方法刷新缓冲区里任何还没写入的信息，并关闭该文件，这之后便不能再进行写入。

7.1.3 文件的读写

Python 中读写文件分别用 read 和 write 方法。

```
file.read([count])
```

count 参数，可选，表示要从已打开文件中读取的字节数。该方法从文件的开头开始读入，count 若为空，将尝试尽可能多地读取内容，甚至到文件的末尾。

```
file.write(string)
```

write() 方法可将任何字符串写入一个打开的文件。Python 字符串可以是文本，也可以是二进制数据。write() 方法不会在字符串的结尾添加换行符 ('\n')。

string 是被传递的参数，即要写入到已打开文件的内容。

下面是一个读写文件的演示案例。

【例 7-2】演示读写文件。

```
file = open(r"d:\python\program\readme.txt", "w")
for i in range(0, 5):
    for j in range(0, i+1):
        file.write('*')
    file.write("\n")
file.close()
file = open(r"d:\python\program\readme.txt", "r")
str = file.read()
print(str)
file.close()
```

扫一扫，看视频

程序运行结果如下：

```
*
**
***
****
*****
```

上面的程序也可以写成：

```
file = open(r"d:\python\program\readme.txt", "w+")
for i in range(0, 5):
    for j in range(0, i+1):
        file.write('*')
    file.write("\n")
pos = file.seek(0,0)
str = file.read()
print(str)
file.close()
```

其中 file.seek(0,0) 是将文件指针重新定位到文件开始位置。

7.1.4 文件的其他操作

tell() 方法可以获得文件中的当前位置。

seek() 方法可以改变当前文件的位置。seek 方法的语法如下：

```
seek(offset [,whence])
```

- Offset：表示要移动的字节数。
- Whence：指定开始移动字节的参考位置，其不同值的含义如下：

  0：以文件的开头作为移动字节的参考位置。

  1：以当前位置作为参考位置。

  2：以文件的末尾作为参考位置。

例如：

```
file.seek(0,0)            #定位到文件开头
file.seek(10,1)           #定位到当前位置的后10个字节
file.seek(-10,2)          #定位到文件倒数第10个字节
```

【例7-3】演示文件定位。

```
file = open("d:\\python\\program\\test.txt", 'w')
for i in range(1, 10):
    file.write(str(i))
file.close()
file = open("d:\\python\\program\\test.txt", "rb")
print(file.read(3))
file.seek(2, 1)
print(file.tell())
print(file.read(3))
file.seek(-5, 2)
print(file.tell())
print(file.read(3).decode('ascii'))
file.close()
```

扫一扫，看视频

输出结果如下：

```
b'123'
5
b'678'
4
567
```

注意：输出结果中b'123'表示是bytes格式，最后一行567的输出前没有“b”的原因是转换成ASCII码格式。

7.2 目录操作

7.2.1 目录操作

对于文件及目录操作需要：

```
import os
```

目录操作的方法主要有：

- os.getcwd()：获得当前路径。
- os.listdir ()：获得目录的内容。
- os.mkdir()：创建目录。
- os.rmdir()：删除目录。
- os.path.isdir()：判断是否是目录。
- os.removedirs：删除多个目录。
- os.path.isabs()：判断是否是绝对路径。

- os.path.exists()：检验给出的路径是否存在。
- os.path.split()：返回一个路径的目录名和文件名。
- os.path.dirname()：获取路径名。
- os.makedirs()：创建多级目录。
- os.chdir()：改变工作目录。

7.2.2 OS 对象和 shutil 模块

Python 的 os 对象提供了很多文件操作的方法，主要有：

- os.path.isfile()：判断是否是文件。
- os.remove()：删除文件。
- os.path.splitext()：分离扩展名。
- os.path.basename()：获取文件名。
- os.system()：运行 shell 命令。
- os.rename()：重命名。
- os.stat()：获取文件属性。
- os.chmod()：修改文件权限与时间戳。
- os.path.getsize()：获取文件大小。

Python 的 shutil 模块提供了很多文件的高级操作，主要有：

- shutil.copyfileobj()：复制文件内容到另一个文件。
- shutil.copyfile()：复制文件内容。
- shutil.copymode()：仅复制权限，不更改文件内容、组和用户。
- shutil.copystat()：复制所有的状态信息，包括权限、组、用户、时间等。
- shutil.copy()：复制文件的内容以及权限，先 copyfile 后 copymode。
- shutil.copy2()：复制文件的内容以及文件的所有状态信息，先 copyfile 后 copystat。
- shutil.copytree()：递归地复制文件内容及状态信息。
- shutil.rmtree()：递归地删除文件。
- shutil.move()：递归地移动文件。
- make_archive()：压缩打包。

【例 7-4】演示目录和文件操作。

扫一扫，看视频

```
import os, shutil

ccurdir=os.getcwd()
print(ccurdir)
print(os.listdir(os.getcwd()))
cpath = r"D:\python\program\dir1"
if not os.path.exists(cpath):
    os.mkdir(cpath, 0o777)
cpath = r"D:\python\program\dir1\dir11\dir111"
if not os.path.exists(cpath):
    os.makedirs(cpath, 0o777)
```

```
cpath = r"D:\python\program\dir1\dir12\dir121"
if not os.path.exists(cpath):
    os.makedirs(cpath, 0o777)
cpath = r"D:\python\program\dir1\dir12\dir121"
if os.path.isdir(cpath):
    os.rmdir(cpath)
cpath = r"D:\python\program\dir1\dir11\dir111"
cfilename1 = "%s%s" % (ccurdir,r"\temp.txt")
cfilename2 = "%s%s" % (cpath,r"\temp.txt")
file = open(cfilename1, "w")
file.write("123456789")
file.close()
if os.path.exists(cfilename2):
    os.remove(cfilename2)
shutil.copyfile(cfilename1, cfilename2)
```

7.3　高级文件操作

7.3.1　MD5

1. 关于 MD5

MD5（Message Digest Algorithm，消息摘要算法第五版），为计算机安全领域广泛使用的一种散列函数，用以提供消息的完整性保护。

MD5 算法具有以下特点：

- 压缩性：任意长度的数据，算出的 MD5 值长度都是固定的。
- 容易计算：从原数据计算出 MD5 值很容易。
- 抗修改性：对原数据进行任何改动，哪怕只修改 1 个字节，所得到的 MD5 值都有很大区别。
- 强抗碰撞：已知原数据和其 MD5 值，想找到一个具有相同 MD5 值的数据（即伪造数据）是非常困难的。

MD5 主要用于报文摘要、数字签名等，其作用是让大容量信息在用数字签名软件签署私人密钥前被“压缩”成一种保密的格式，即把一个任意长度的字节串变换成一个“定长”的十六进制数字串。

2. Python 中使用 MD5 加密

Python 不同版本在 MD5 加密上有所不同。本书以 Python 3 为主。Python 3 移除了 MD5 模块，可以使用 hashlib 标准库进行 MD5 加密，以前的版本中也可以使用 MD5 模块实现加密。这里只介绍使用 hashlib 标准库的方法。

hashlib 库的 hash 算法中，提供了很多加密算法，有 sha1()、sha224()、sha256()、sha384()、sha512()、blake2b()、blake2s() 和 md5()，这些方法都通过统一接口返回一个对象。例如，使用 md5 () 可以创建一个对象，然后通过对象的方法获得摘要。

下面是一个演示案例。

【例 7-5】演示 MD5 加密。

```
import hashlib

m1 = hashlib.md5()
m2 = hashlib.md5()
print(m1)        # <md5 HASH object @ 0x01495D10>
print(m2)        # <md5 HASH object @ 0x01495DB8>
cStr1 = "python程序设计"
cStr2 = "教程"
cStr3 = cStr1 + cStr2
m1.update(cStr1.encode("utf-8"))
print(m1.digest())
print(m1.hexdigest())
print(m1.digest_size)
print(m1.block_size)
m1.update(cStr2.encode("utf-8"))
print(m1.digest())
print(m1.hexdigest())
m2.update(cStr3.encode("utf-8"))
print(m2.digest())
print(m2.hexdigest())
```

扫一扫，看视频

程序运行结果如下：

```
<md5 HASH object @ 0x00925D10>
<md5 HASH object @ 0x00925DB8>
b'\xcaw\xafh\xef?\x98x\xf58\xbe\xfa\xba\x1a\rI'
ca77af68ef3f9878f538befaba1a0d49
16
64
b'\x96\x85\xcfW\\\x1b.\x14\x914\xf4=\x96\xf3{b'
9685cf575c1b2e149134f43d96f37b62
b'\x96\x85\xcfW\\\x1b.\x14\x914\xf4=\x96\xf3{b'
9685cf575c1b2e149134f43d96f37b62
```

说明：

（1）m1 = hashlib.md5()，创建 hash 对象，md5 消息摘要算法，得出一个 128 位的密文。

（2）m1.update(cStr1.encode("utf-8"))，更新哈希对象的字符串参数，必须转码。

（3）m1.digest()，返回摘要，作为二进制数据字符串值：

```
b'\xcaw\xafh\xef?\x98x\xf58\xbe\xfa\xba\x1a\rI'
```

（4）m1.hexdigest()，返回十六进制数字字符串：

```
ca77af68ef3f9878f538befaba1a0d49
```

（5）m1 两次 update 方法其实是拼接 cStr1 和 cStr2，最后的结果与 m2 的 1 次 update 是一样的。

7.3.2 文件比较

Python 中可以用 difflib 库的 ndiff 方法来实现文件内容的比较。下面是一个简单的案例。

【例 7-6】演示文件比对。

```
import difflib, sys

cStr1 = "123456a9"
cStr2 = "123457b9"
f1 = open(r"d:\python\program\temp1.txt", "w")
f1.write(cStr1)
f1.close()
f2 = open(r"d:\python\program\temp2.txt", "w")
f2.write(cStr2)
f2.close()
s1 = open(r"d:\python\program\temp1.txt", "r").read()
s2 = open(r"d:\python\program\temp2.txt", "r").read()
diff = difflib.ndiff(s1, s2)
print(diff)
sys.stdout.writelines(diff)
```

扫一扫，看视频

运行结果如下：

```
<generator object Differ.compare at 0x0291F990>
  1  2  3  4  5- 6- a+ 7+ b  9
```

从运行结果可以很清楚地看到内容不一致的地方。

7.3.3 Office 文档操作

Python 3.X 包含多个操作 Office 文档的库，下面分别介绍。

1. Excel

Python 对 Excel 的读写主要有 xlrd、xlwt、xlutils、openpyxl、xlsxwriter 几种。

- Xlrd：主要用来读取 Excel 文件。
- Xlwt：主要用来写 Excel 文件。
- Xlutils：结合 xlrd 可以达到修改 Excel 文件的目的。
- Openpyxl：可以对 Excel 文件进行读写操作。
- Xlsxwriter：可以写 Excel 文件并加上图表。

【例 7-7】演示对 student.xlsx 的各种操作。

```
import xlrd, xlwt, xlrd, xlutils, openpyxl, xlsxwriter

workbook = xlrd.open_workbook(r'd:\python\student.xlsx')
sheet_names = workbook.sheet_names()
for sheet_name in sheet_names:
    sheet = workbook.sheet_by_name(sheet_name)
    print(sheet.name)
    for row in range(sheet.nrows):
```

扫一扫，看视频

```
            for col in range(sheet.ncols):
                print(sheet.cell(row, col).value, "\t", end='')
            print("")
        print("")

    workbook2 = xlwt.Workbook()
    sheet = workbook2.add_sheet('测试')
    sheet.write(0, 0, '测试')  # 第1行第1列写入内容
    workbook2.save(r'd:\python\test.xls')

    from xlutils.copy import copy

    workbook3 = copy(workbook)
    worksheet = workbook3.get_sheet(0)
    worksheet.write(3, 0, '2018')
    workbook3.save(r'd:\python\student2.xls')

    from openpyxl import Workbook
    from openpyxl import load_workbook

    workbook4 = load_workbook(u"d:\python\student.xlsx")
    sheet = workbook4.worksheets[0]
    sheet['A1'] = '2019'
    workbook4.save(u"d:\python\student3.xlsx")
    wb = Workbook()
    worksheet = wb.active
    worksheet['A1'] = "2020"
    wb.save(r"d:\python\student4.xlsx")

    if __name__ == '__main__':
        workbook5 = xlsxwriter.Workbook(u'd:\python\chart.xlsx')
        workbook6 = xlrd.open_workbook(r'd:\python\student.xlsx')
        worksheet = workbook5.add_worksheet(u"chart")
        sheet = workbook6.sheet_by_name("score")
        headings = ['学号', '总分']
        worksheet.write_row('A1', headings)
        for row in range(1, 8):
            #score表中sid、total两列
            worksheet.write(row, 0, sheet.cell(row, 1).value)
               worksheet.write(row, 1, sheet.cell(row, 2).value + sheet.
cell(row, 3).value)
        chart = workbook5.add_chart({'type': 'line'})
        chart.add_series({'categories': '=chart!$A$2:$A$8','values':
```

```
'=chart!$B$2:$B$8'})
        chart.set_size({'width': 400, 'height': 300})
        chart.set_title({'name': '总分'})
        worksheet.insert_chart('D5', chart)
        workbook5.close()
```

运行结果如下：

```
student
sid  name  sex  class
1001.0  王萍  女  软件工程
1002.0  李明  男  软件工程
1003.0  顾于  女  软件工程
2001.0  张胜  男  计算机科学
2002.0  宋佳  男  计算机科学
2003.0  谢芳  女  计算机科学

teacher
tid  name  sex  cid
1001.0  王迅  男  1001.0
1002.0  汪惠  女  1002.0
1003.0  赵强  男  1003.0
1004.0  孙超  男  1003.0

course
cid  name
1001.0  c
1002.0  python
1003.0  java
1004.0  vb
1005.0  go
1006.0  c#
1007.0  php

score
id  sid  c  python  total
1.0  1001.0  80.0  90.0  170.0
2.0  1002.0  90.0  95.0  185.0
3.0  2001.0  85.0  88.0  173.0
4.0  2002.0  90.0  100.0  190.0
5.0  1003.0  55.0  60.0  115.0
6.0  1004.0  80.0  50.0  130.0
7.0  2003.0  100.0  90.0  190.0
```

程序运行后还创建了 student2.xls、student3.xlsx、student4.xlsx 和 chart.xlsx，其中

chart.xlsx 的样式如图 7-1 所示。

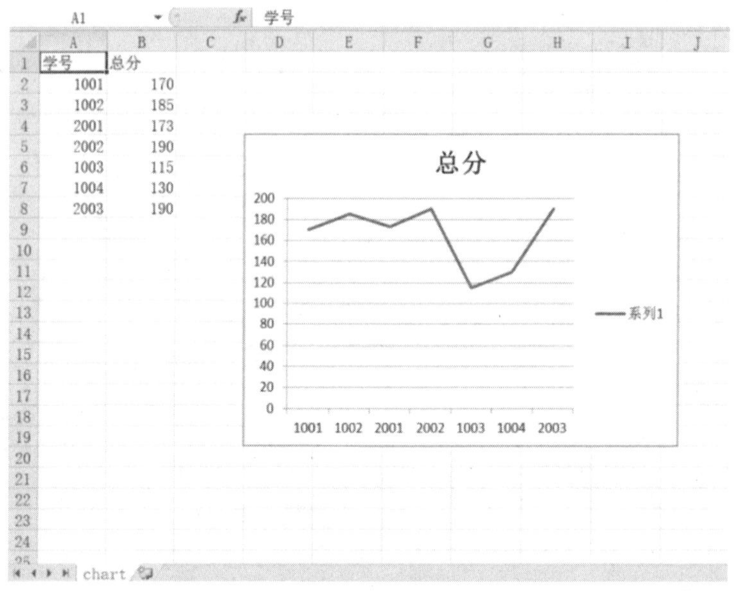

图 7-1 生成的 chart

2. Word

下面的案例演示了 Python 如何操作 Word 文档。

程序中需要导入 pypiwin32 库，如果报错请安装 pypiwin32：

```
pip install pypiwin32
```

【例 7-8】演示操作 Word 文档。

扫一扫，看视频

```
import win32com.client

oWord = win32com.client.Dispatch("Word.Application")
oDocument = oWord.Documents.Add()
oSelect = oWord.Selection
oSelect.Font.Name = "黑体"
oSelect.Font.Size = 24
oSelect.Font.Underline = True
oSelect.Font.Italic = False
oSelect.ParagraphFormat.Alignment = 1
oSelect.TypeText("Word演示文稿\n")
oSelect.Font.Name = "宋体"
oSelect.Font.Size = 15
oSelect.Font.Italic = True
oSelect.Font.Underline = False
oSelect.ParagraphFormat.Alignment = 2
oSelect.TypeText("2018年6月\n")
oSelect.Font.Italic=False
oTable = oDocument.Tables.Add(oSelect.Range, 6, 3)
```

```
oTable.Style = "浅色列表"
oTable.Rows.Alignment = 1
oTable.Cell(1, 1).Range.Text = "学号"
oTable.Cell(1, 2).Range.Text = "姓名"
oTable.Cell(1, 3).Range.Text = "性别"
for i in range(2, 7):
    oTable.Cell(i, 1).Range.Text = "1000" + str(i)
    oTable.Cell(i, 2).Range.Text = "张" + ['一', '二', '三', '四', '五'][i - 2]
    if i % 2 == 0:
        oTable.Cell(i, 3).Range.Text = "男"
    else:
        oTable.Cell(i, 3).Range.Text = "女"
oDocument.SaveAs(r'd:\Python\demo.docx')
oDocument.Close()
oWord.Quit
```

程序运行后创建的 word 文档样式如图 7-2 所示。

Word 演示文稿

2018 年 6 月

学号	姓名	性别
10002	张一	男
10003	张二	女
10004	张三	男
10005	张四	女
10006	张五	男

图 7-2　生成的 word 文档

习题 7

一、单选题

1. Python 常见文件的后缀有 ________。

A）.py 和 .pyw　　B）.pcap 和 .pkt

C）.sln 和 .suo　　D）.class 和 .jar

2. 可以用来安装 Python 文件的方法是 ________。

A）makefile file.whl　　B）pip uninstall file.whl

C）pip install file.whl　　D）execute file.whl

3. 关于文件打开模式，下列说法正确的是 ________。

A）"r" 打开一个文件只用于写入

B）"w" 表示以只读方式打开文件

C）"a" 以二进制格式打开一个文件用于只读

D）"r+" 打开一个文件用于读写

4. 在调用 file.read([count]) 方法时，count 参数表示 _______。

A）要从已打开文件中读取的行数　B）要从已打开文件中读取的字节数

C）要从已打开文件中读取的列数　D）要打开的文件数

5. 在调用 file.write( ) 方法时，如果要进行换行，则 _______。

A）write 方法会自动加上换行符　B）需加上参数“r+”

C）需额外写入“\n”　D）每次写入一整行即可

6. 在调用 file.seek(10,1) 方法时，表示 _______。

A）定位到文件开头　B）定位到当前位置的后 10 个字节

C）定位到文件倒数第 10 个字节　D）定位到文件开头第 10 个字节

7. 对目录的基本操作包括 _______。

A）os.path.isfile() 重命名　B）os.remove() 分离扩展名

C）os.stat() 获取文件属性　D）os.chmod() 判断是否是文件

8. Python 中使用 MD5 进行加密使用的是 _______ 库。

A）hashlib　B）encrypt　C）studio　D）sys

9. Python 中可以用来实现文件内容比对的函数是 _______。

A）cmp( )　B）is　C）strcmp( )　D）ndiff( )

10. 关于 Python 对 Office 操作的函数，下列描述错误的是 _______。

A）xlrd 主要用来读取 Excel 文件

B）xlwt 主要用来写 Excel 文件

C）可以导入 pypiwin32 库来操作 Word 文件

D）openpyxl 以只读方式打开 Excel 文件

二、填空题

1. Python 程序文件的扩展名主要有 _________ 和 ________ 两种，其中后者常用于 GUI 程序。

2. Python 源代码程序编译后的文件扩展名为 _________。

3. 打开文件可以用 Python 内置的 _________ 函数。

4. file.seek(_________) 可将文件指针重新定位到文件的开始位置。

5. Python 的 os 对象的方法中，删除文件的方法是 _________。

6. MD5 算法的特点有 ____。

三、编程题

1. 编写程序，将字符串 "Hello Python"、"BigData"、"SQL" 存入到文件 "data.dat" 中并读出显示。

2. 编写程序，读取一个 Excel 文件的第一张工作表的数据并打印输出。

3. 编写程序，读取一个 Word 文件的文字内容并打印输出。

第 8 章　图形界面设计

扫一扫，看视频

◎ 掌握 Tkinter 和 wxPython 的使用方法

◎ 了解典型的界面控件的使用方法

◎ 学会在程序设计中设计和使用基本控件

Python 提供了多个图形开发界面的库，几个常用的 Python GUI 库如下：

- Tkinter：Tkinter 模块 (Tk 接口) 是 Python 的标准 Tk GUI 工具包的接口。Tk 和 Tkinter 可以在大多数的 Unix 平台下使用，同样可以应用在 Windows 和 Macintosh 系统里。Tk 8.0 的后续版本可以实现本地窗口风格，并良好地运行在绝大多数平台中。
- wxPython：wxPython 是一款开源软件，是 Python 语言的一套优秀的 GUI 图形库，允许 Python 程序员很方便地创建完整的、功能健全的 GUI 用户界面。
- Jython：Jython 程序可以和 Java 无缝集成。除了一些标准模块，Jython 使用 Java 的模块。Jython 几乎拥有标准的 Python 中不依赖于 C 语言的全部模块。比如，Jython 的用户界面将使用 Swing、AWT 或者 SWT。Jython 可以被动态或静态地编译成 Java 字节码。

因为篇幅的原因，本书主要介绍 Tkinter 和 wxPython。

8.1 Tkinter

Tk 是 Python 默认的工具集（即图形库），Tkinter 是 Tk 的 Python 接口，通过 Tkinter 可以方便地调用 Tk 进行图形界面开发。

与其他开发库相比，Tk 不是最强大的，模块工具也不是非常丰富。但它非常简单，它提供的功能用来开发一般的应用也完全够用了，且能在大部分平台上运行。

Python 自带的 IDEL 也是用 Tkinter 开发的。

Tkinter 的不足之处是缺少合适的可视化界面设计工具，需要通过代码来完成窗口设计和元素布局。

Tkinter 中提供了较为丰富的控件，完全能满足基本的 GUI 程序的需求。

Tkinter 模块已经在 Python 中内置，所以在使用之前，只需将其导入即可。

两种导入方式为：

- import tkinter as tk：导入 tkinter，但没引入任何组件，在使用时需要使用 tk 前缀，如需要引入按钮，则表示为：tk.Button。
- from tkinter import *：将 tkinter 中的所有组件一次性引入。

利用 Tkinter 模块来引用 Tk 构建和运行 GUI 程序，通常需要 5 步：

（1）导入 Tkinter 模块；

（2）创建一个顶层窗口；

（3）在顶层窗口的基础上构建所需要的 GUI 模块和功能；

（4）将每一个模块与底层程序代码关联起来；

（5）执行主循环。

Tkinter 主要组件如表 8-1 所示。

表 8-1　Tkinter 主要组件

组件	功能
Button	按钮。类似标签，但提供额外功能，如鼠标按下、释放及键盘操作事件
Canvas	画布。提供绘图功能（直线、椭圆、多边形、矩形），可以包含图形或位图
Checkbutton	选择按钮。一组方框，可以选择其中的任意多个
Radiobutton	单选按钮。一组方框，其中只有一个可被选中
Entry	文本框。单行文字域，用来收集键盘输入
Frame	框架。包含其他组件的纯容器
Label	标签。用来显示文字或图片
Listbox	列表框。一个选项列表，用户可以从中选择
Menu	菜单。单击后弹出一个选项列表，用户可以从中选择
Menubutton	菜单按钮。用来包含菜单的组件（有下拉式、层叠式）
Message	消息框。类似于标签，但可以显示多行文本
Scale	进度条。线性“滑块”组件，可设定起始值和结束值，显示当前位置的精确值
Scrollbar	滚动条。对其支持的组件（文本域、画布、列表框、文本框）提供滚动功能
Text	文本域。多行文字区域，可用来收集（或显示）用户输入的文字
Toplevel	顶级。类似框架，但提供一个独立的窗口容器

组件的共同属性有：

- dimensions：尺寸。
- colors：颜色。
- fonts：字体。
- anchors：锚。
- relief styles：浮雕式。
- bitmaps：显示位图。
- cursors：光标的外形。

Tk 使用了一种包管理器来管理所有组件，当定义完组件之后，需要调用 pack() 方法来控制组件的显示方式，若不调用 pack() 方法，组件将不会显示。

在交互环境下，编写 Tkinter 测试代码时，运行过 Tk()（创建顶层窗口的函数）之后即进入主循环，可以看到顶层窗口。若是运行 py 文件，一定要调用 mainloop() 方法进入主循环，方可看到顶层窗口。

创建 GUI 应用程序窗口的代码模板：

```
from tkinter import *

tk = Tk()
```

```
# 代码

...
tk.mainloop()  # 进入消息循环
```

顶层窗口也称为“根窗口”，实际上是一个普通窗口，包括一个标题栏和窗口管理器所提供的窗口装饰部分，如最大化按钮等。

在一个 Tkinter 开发的应用程序中，只需要创建一个顶层窗口即可，且此窗口的创建必须是在其他窗口创建之前。

【例 8-1】演示顶层窗口。

```
from tkinter import *

root = Tk()
root.title("顶层窗口")
root.mainloop()
```

扫一扫，看视频

运行结果如图 8-1 所示。

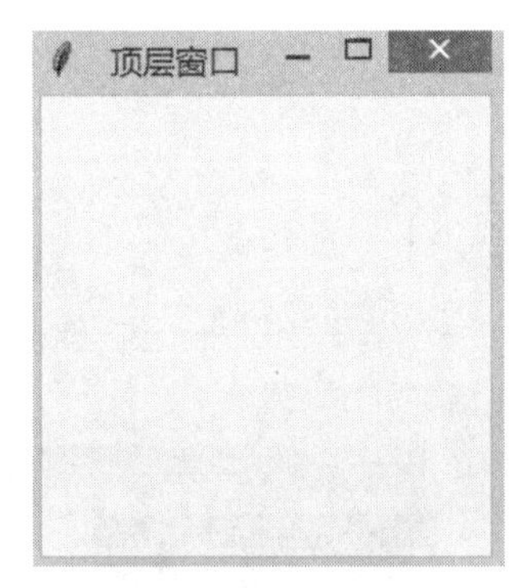

图 8-1　演示顶层窗口

8.2　控件

8.2.1　标签（Label）

标签组件可以用来显示图片和文本，通过在文本中添加换行符来控制换行，也可以通过控制组件的大小实现自动换行。

【例 8-2】显示“Hello World!”。

```
from tkinter import *

root = Tk()
root.title("顶层窗口")
label=Label(root,text="Hello World!")
label.pack()
root.mainloop()
```

扫一扫，看视频

运行结果如图 8-2 所示。

图 8-2　显示“Hello World!”（1）

Label 组件的常用参数如表 8-2 所示。

表 8-2　Label 组件的常用参数

参数	描　述
height	组件的高度（所占行数）
width	组件的宽度（所占字符个数）
fg	前景字体颜色
bg	背景颜色
justify	多行文本的对齐方式，可选参数为 LEFT、CENTER、RIGHT
padx	文本左右两侧的空格数（默认为 1）
pady	文本上下两侧的空格数（默认为 1）

调整例 8-2 中的代码：

```
    label=Label(root,text="Hello World!")
```

为：

```
    label=Label(root,text="Hello World!"+chr(13)+ "Good
Luck!",height=10,width=20,\
    fg="white",bg="green",justify="right", padx=2)
```

运行结果如图 8-3 所示。

图 8-3　显示“Hello World!”（2）

8.2.2　框架（Frame）

框架（Frame）相对于其他组件而言，只是个容器，因为它没有方法，但它可以捕获键盘和鼠标的事件来进行回调。

框架一般用作包含一组控件的主体，且可以定制外观。

【例 8-3】演示框架。

```
    from tkinter import *

    root = Tk()
```

扫一扫，看视频

```
root.title("顶层窗口")
f = Frame(root, borderwidth=1, relief=RAISED)
label1 = Label(f, text="RAISED", width=5).pack(side=LEFT)
f.pack(side=LEFT, padx=2, pady=2)
f = Frame(root, borderwidth=1, relief=FLAT)
label2 = Label(f, text="FLAT", width=5).pack(side=LEFT)
f.pack(side=LEFT, padx=2, pady=2)
f = Frame(root, borderwidth=1, relief=SOLID)
label3 = Label(f, text="SOLID", width=10).pack(side=LEFT)
f.pack(side=LEFT, padx=2, pady=2)
root.mainloop()
```

运行结果如图 8-4 所示。

图 8–4　演示框架

8.2.3　按钮（Button）

按钮（Button）组件是 Tkinter 最常用的图形组件之一，通过按钮可以方便地与用户进行交互。可以把按钮看作标签，只是它可以捕获键盘和鼠标事件。

按钮可以禁用，禁用之后的按钮不能进行单击等任何操作。

如果将按钮放进 TAB 群中，就可以使用 TAB 键进行跳转和定位。

【例 8-4】演示按钮。

```
from tkinter import *

root = Tk()
root.title("顶层窗口")

Button(root,text="确定").pack(side=LEFT,padx=4)
Button(root,text="取消",command=root.quit()).pack(side=LEFT)
root.mainloop()
```

扫一扫，看视频

运行结果如图 8-5 所示。

图 8–5　演示按钮

Button 组件的常用参数如表 8-3 所示。

表 8-3　Button 组件的常用参数

参数	描　述
height	组件的高度（所占行数）
width	组件的宽度（所占字符个数）
fg	前景字体颜色
bg	背景颜色
activebackground	按钮按下时的背景颜色
activeforeground	按钮按下时的前景颜色
justify	多行文本的对齐方式，可选参数为 LEFT、CENTER、RIGHT
padx	文本左右两侧的空格数（默认为 1）
pady	文本上下两侧的空格数（默认为 1）
state	设置组件状态，默认为 NORMAL，可设置为 DISABLED，表示禁用组件（必须大写）

8.2.4　输入框（Entry）

输入框（Entry）组件就是用来接收用户输入的最基本的组件。

可以为输入框设置默认值，也可以禁止用户输入。如果禁止输入，用户就不能改变输入框中的值了。

当用户输入的内容一行显示不下的时候，输入框会自动生成滚动条。

【例 8-5】演示输入框。

```
from tkinter import *

root = Tk()
root.title("顶层窗口")

f = Frame(root)
label1=Label(f, text="请输入姓名:",width=10).pack(side=LEFT)
s1 = StringVar()
entry1=Entry(f, width=20, textvariable=s1).pack(side=LEFT)
s1.set("姓名")
f.pack(side=LEFT,padx=2,pady=2)
root.mainloop()
```

扫一扫，看视频

运行结果如图 8-6 所示。

图 8-6　演示输入框

Entry 组件的常用参数如表 8-4 所示。

表 8-4　Entry 组件的常用参数

参数	描　述
height	组件的高度（所占行数）
width	组件的宽度（所占字符个数）
fg	前景字体颜色
bg	背景颜色
show	将 Entry 框中的文本替换为指定字符，用于输入密码等，如设置 show="*"
state	设置组件状态，默认为 NORMAL，可设置为 DISABLED，表示禁用组件；设置为 READONLY，表示只读

【例 8-6】输入一个年份，判断其是否是闰年。

```
import tkinter as tk

root = tk.Tk()
root.title("顶层窗口")

def btnClick():
    y = float(entry1.get())
    if y % 400 == 0 or (y % 100 == 0 and y % 4 != 0):
        label2.config(text="闰年")
    else:
        label2.config(text="平年")

tk.Label(root, text="请输入年份:", width=10).pack()
y1 = tk.StringVar()
entry1 = tk.Entry(root, width=20, textvariable=y1)
entry1.pack()
y1.set("年份")
tk.Button(root, text="判断", command=btnClick).pack()
label2 = tk.Label(root, text="", width=10, height=2)
label2.pack()

root.mainloop()
```

扫一扫，看视频

运行结果如图 8-7 所示。

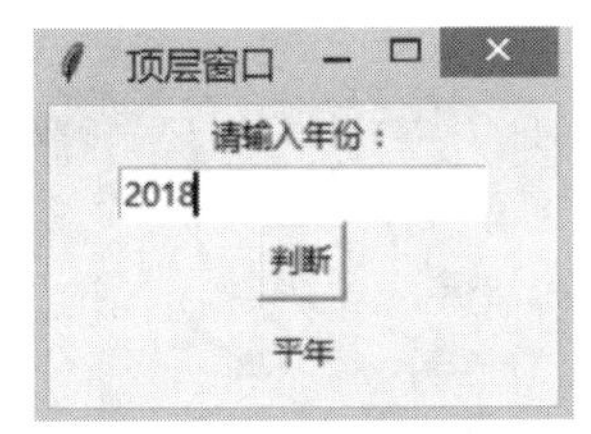

图 8-7　判断闰年

8.2.5 单选按钮（RadioButton）和复选按钮（CheckButton）

单选按钮（RadioButton）是一组排他性的选择框，只能从该组中选择一个选项，当选择了其中一项之后便会取消其他选项的选择。

要想使用单选按钮，必须将这一组单选按钮与一个相同的变量关联起来，由用户为这个变量选择不同的值。

与单选按钮相对的是复选按钮（RadioButton）。复选按钮之间没有互斥作用，可以一次选择多个。

同样地，每一个按钮都需要与一个变量相关联，且每一个复选按钮关联的变量都是不同的。若像单选按钮一样，关联的是同一个按钮，则当选中其中一个的时候，会将所有按钮都选上。

可以给每一个复选按钮绑定一个回调，当该选项被选中时，执行该回调。

【例 8-7】演示单选按钮和复选按钮。

扫一扫，看视频

```
import tkinter as tk
root = tk.Tk()
root.title("顶层窗口")

f1=tk.Frame(root, relief=tk.RAISED)
f1.pack(side=tk.LEFT, padx=2, pady=2)
f2=tk.Frame(root, relief=tk.RAISED)
f2.pack(side=tk.LEFT, padx=20, pady=2)
color1 = tk.IntVar()
for cColor, nColor in [('红色', 1), ('绿色', 2), ('黄色', 3), ('蓝色', 4), ('黑色', 5)]:
    r = tk.Radiobutton(f1, text=cColor, value=nColor, variable=color1)
    r.pack(anchor="w",padx=1,pady=1)
color1.set(5)
for cColor, nColor in [('红色', 1), ('绿色', 2), ('黄色', 3), ('蓝色', 4), ('黑色', 5)]:
    color2 = tk.IntVar()
    t = tk.Checkbutton(f2, text=cColor, variable=color2)
    t.pack(anchor="w", padx=1, pady=1)
root.mainloop()
```

运行结果如图 8-8 所示。

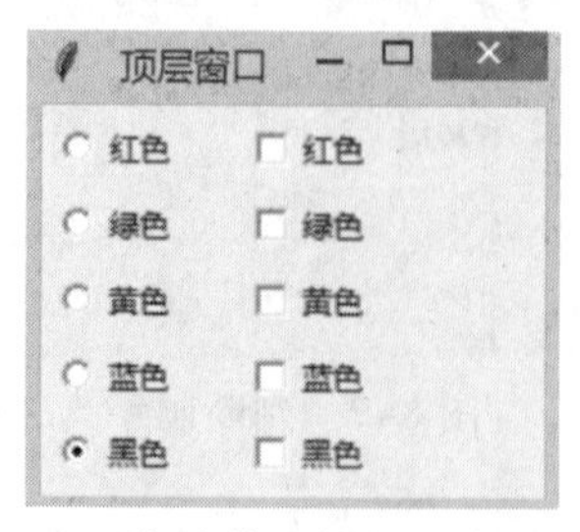

图 8-8 演示单选按钮和复选按钮

RadioButton 组件的常用参数如表 8-5 所示。

表 8-5　RadioButton 组件的常用参数

参数	描　述
text	显示文本内容
command	指定 RadioButton 的事件处理函数
image	可以使用 gif 图像，图像的加载方法为 img = PhotoImage(root,file = filepath)
bitmap	指定位图，如 bitmap= BitmapImage(file = filepath)
variable	控制变量，跟踪 RadioButton 的状态：On(1)，Off(0)
master	代表父窗口
bg	背景色，如 bg= “red”，bg="#FF0000"
fg	前景色，如 fg= “red”，fg="#FF0000"
font	字体及大小，如 font=("Arial", 8)，font=("Helvetica 16 bold italic")
height	设置显示高度，如果未设置此项，其大小将适应内容标签
relief	指定外观装饰边界附近的标签，默认是平的，可以设置的参数包括 flat、groove、raised、ridge、solid、sunken
width	设置显示宽度，如果未设置此项，其大小将适应内容标签
wraplengthstate	将此选项设置为所需的数量限制每行的字符数，默认为 0 设置组件状态：正常 (normal)、激活 (active)、禁用 (disabled)
selectcolor	设置选择区的颜色
selectimage	设置选择区的图像，选中时会出现
underline	下划线
bd	设置 RadioButton 的边框大小；bd(bordwidth) 默认为 1 或 2 个像素
textvariable	设置 RadioButton 的 textvariable 属性，文本内容为变量
padx	标签水平方向的边距，默认为 1 像素
pady	标签竖直方向的边距，默认为 1 像素
justify	标签文字的对齐方向，可选值为 RIGHT、CENTER、LEFT，默认为 Center

RadioButton 组件常用参数如表 8-6 所示。

表 8-6　RadioButton 组件的常用参数

参数	描　述
variable	复选按钮索引变量，通过变量的值确定哪些复选按钮被选中。每个复选按钮使用不同的变量，使复选按钮之间相互独立
onvalue	复选按钮选中（有效）时变量的值
offvalue	复选按钮未选中（无效）时变量的值
command	复选按钮选中时执行的命令（函数）

【例 8-8】演示增加参数设置的单选按钮和复选按钮。

```
import tkinter as tk

root = tk.Tk()
root.title("顶层窗口")

f0 = tk.Frame(root, relief=tk.RAISED)
```

扫一扫，看视频

```
    f0.pack(side=tk.LEFT, padx=2, pady=1)
    f1 = tk.Frame(root, relief=tk.RAISED)
    f1.pack(side=tk.LEFT, padx=20, pady=20)
    f2 = tk.Frame(root, relief=tk.RAISED)
    f2.pack(side=tk.LEFT, padx=40, pady=30)

    def colorChecked():
        label.config(fg=color.get())

    def fontChecked():
        nType = nBold.get() + nItalic.get()
        if nType == 1:
            label.config(font=('宋体', 12, 'bold'))
        elif nType == 2:
            label.config(font=('宋体', 12, 'italic'))
        elif nType == 3:
            label.config(font=('宋体', 12, 'bold italic'))
        else:
            label.config(font=('宋体', 12))

    label = tk.Label(f0, text="测试文本", font=("宋体", 12))
    label.pack()

    color = tk.StringVar()
    for cColor1, cColor2 in [('红色', 'red'), ('绿色', 'green'), ('黄色', 'yellow'),
('蓝色', 'blue'), ('黑色', 'black')]:
         r = tk.Radiobutton(f1, text=cColor1, value=cColor2, variable=color,
command=colorChecked)
        r.pack(anchor="w", padx=1, pady=1)
    color.set('red')

    nBold = tk.IntVar()
    nItalic = tk.IntVar()
    t=tk.Checkbutton(f2, text="粗体", variable=nBold, offvalue=0, onvalue=1,
command=fontChecked)
    t.pack(anchor="w", padx=1, pady=1)
    t=tk.Checkbutton(f2, text="斜体", variable=nItalic, onvalue=1,
offvalue=0, command=fontChecked)
    t.pack(anchor="w", padx=1, pady=1)
    root.mainloop()
```

运行结果如图 8-9 所示。

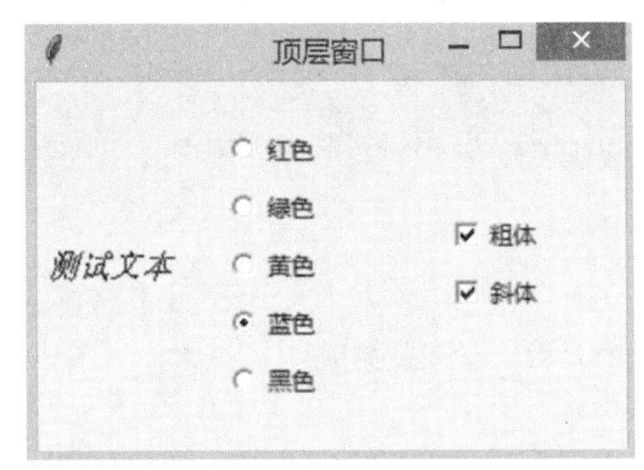

图 8-9　演示增加参数设置的单选按钮和复选按钮

程序中，文字的颜色通过 colorChecked 设置，选择不同的单选按钮会为该变量赋予不同的字符串值，内容即为对应的颜色。文字的粗体和斜体属性通过 fontChecked 来设置。

8.2.6　消息（Message）和消息框（MessageBox）

消息（Message）控件提供了显示多行文本的方法，且可以设置字体和背景色。Message 组件提供了一个标准的方法，可以非常方便地实现这项功能。

消息框（MessageBox）控件用于弹出提示框向用户告警，或让用户选择下一步如何操作。消息框包括很多类型，常用的有 info、warning、error、yesno、okcancel 等，包含不同的图标、按钮以及弹出提示音。

【例 8-9】演示消息控件和消息框控件。

扫一扫，看视频

```
import tkinter as tk
from tkinter import messagebox as msgbox

root = tk.Tk()
root.title("顶层窗口")

tk.Message(root, text="消息消息消息消息消息消息消息消息消息消息消息消息消息消息消息消息消息").pack()
tk.Message(root, text="消息消息消息消息消息消息消息消息消息消息消息消息消息消息消息消息消息", bg="red", fg="white", relief=tk.RAISED).pack(padx=5, pady=5)

def btn1_clicked():
    msgbox.showinfo("提示","信息测试")

def btn2_clicked():
    msgbox.showwarning("警告","警告测试")

def btn3_clicked():
    msgbox.showerror("错误","测试")

def btn4_clicked():
    msgbox.askquestion("提问","提问测试")
```

```
def btn5_clicked():
    msgbox.askokcancel("确认","确认取消测试")


def btn6_clicked():
    msgbox.askyesno("是否", "是否测试")

def btn7_clicked():
    msgbox.askretrycancel("重试", "重试测试")

btn1=tk.Button(root,text="信息",command=btn1_clicked).pack(fill=tk.X)
btn2=tk.Button(root,text="警告",command=btn2_clicked).pack(fill=tk.X)
btn3=tk.Button(root,text="错误",command=btn3_clicked).pack(fill=tk.X)
btn4=tk.Button(root,text="提问",command=btn4_clicked).pack(fill=tk.X)
btn5=tk.Button(root,text="确认",command=btn5_clicked).pack(fill=tk.X)
btn6=tk.Button(root,text="是否",command=btn6_clicked).pack(fill=tk.X)
btn7=tk.Button(root,text="重试",command=btn7_clicked).pack(fill=tk.X)


tk.mainloop()
```

运行结果如图 8-10 所示。

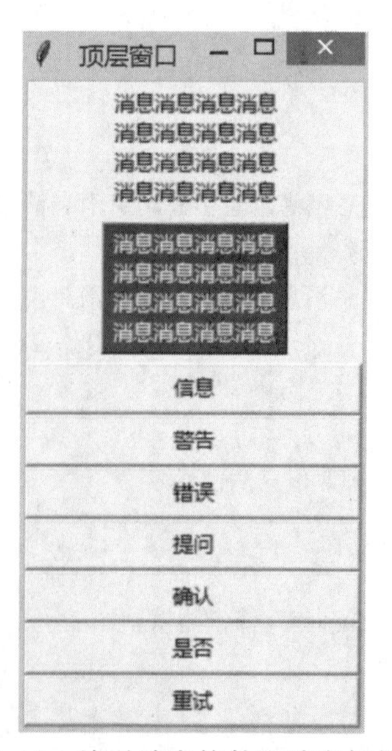

图 8-10 演示消息控件和消息框控件

单击消息框按钮对应的提示框分别如图 8-11 所示。

图 8-11　消息框样式

8.2.7　组合框 (ComboBox) 和列表框 (ListBox)

组合框（ComboBox）包括文本框和下拉列表框。列表框（ListBox）组件是一个选项列表，用户可以从中选择某一个选项。

【例 8-10】演示列表框控件。

扫一扫，看视频

```
import tkinter as tk

root = tk.Tk()
root.title("顶层窗口")

list = tk.Listbox(root, height=10, width=10)
list.pack(side=tk.LEFT)
for i in ["红色","绿色","蓝色","黄色","黑色"]:
    list.insert(tk.END, i)

def getvalue(*args):  # 处理事件
    print(combox.get())  # 打印选中的值

from  tkinter  import ttk

comvalue = tk.StringVar()  # 窗体自带的文本,新建一个值
combox = ttk.Combobox(root, textvariable=comvalue)  # 初始化
combox["values"] = ("1", "2", "3", "4")
combox.current(0)  # 选择第一个
combox.bind("<<ComboboxSelected>>", getvalue)  # 绑定事件
combox.pack()

root.mainloop()
```

运行结果如图 8-12 所示。

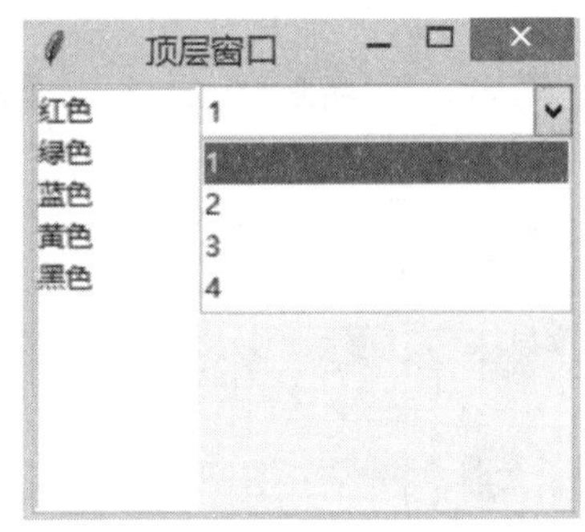

图 8-12　演示组合框和列表框

8.2.8　滚动条（Scrollbar）

滚动条（Scrollbar）组件可以添加至任何一个组件，一些组件在界面显示不下时会自动添加滚动条，但可以使用滚动条组件对其进行控制。

【例 8-11】 演示滚动条控件。

```
import tkinter as tk

root = tk.Tk()
root.title("顶层窗口")

list = tk.Listbox(root, height=10, width=10)
scroll = tk.Scrollbar(root, command=list.yview)
list.configure(yscrollcommand=scroll.set)
list.pack(side=tk.LEFT)
scroll.pack(side=tk.RIGHT, fill=tk.Y)
for i in range(100):
    list.insert(tk.END, i + 1)

root.mainloop()
```

扫一扫，看视频

运行结果如图 8-13 所示。

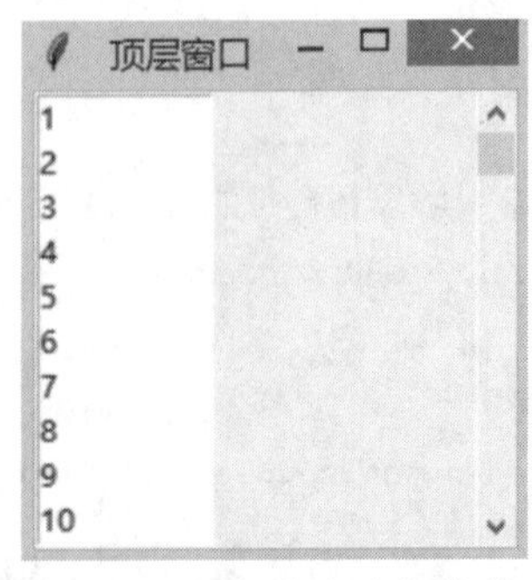

图 8-13　演示滚动条控件

8.2.9　绘图组件（Canvas）

绘图组件（Canvas）可以在 GUI 中实现 2D 图形的绘制，相当于画图板。绘图组件内置了多种绘图函数，可以通过简单的 2D 坐标绘制直线、矩形、圆形、多边形等。

【例 8-12】演示绘图控件。

```
import tkinter as tk

root = tk.Tk()
root.title("顶层窗口")

def CirCle(self,x,y,r,**arg):
    print(arg)
    return self.create_oval(x-r,y-r,x+r,y+r,**arg)

m=tk.Canvas(root,width=200,height=200)
m.pack()
m.create_line(10,10,200,10,fill="red",dash=(4,4),arrow=tk.LAST)
m.create_rectangle(10,20,100,100,fill="red")
m.create_oval(10,50,100,100,fill="blue")
CirCle(m,100,100,50,fill="green")
m.create_polygon(100,150,100,100,150,100,fill="red")
m.create_arc(10,20,200,150, start = 0, extent = 90, fill = "red",tags =
"arc")

root.mainloop()
```

扫一扫，看视频

运行结果如图 8-14 所示。

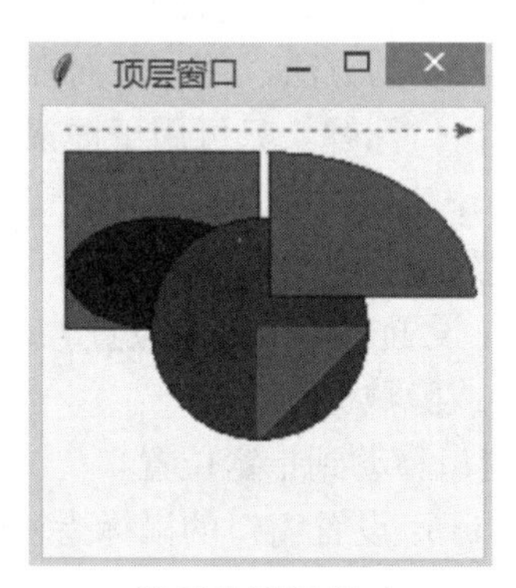

图 8-14　演示绘图组件（Canvas）

*8.3　wxPython

如果要在 Pycharm 中使用 wxPython 库，需要安装并添加库。

安装 wxPython 库：pip install -U wxPython。

（如果 pip 版本不够，请升级 pip，升级命令：python –m pip install –upgrade.pip）

在 PyCharm 中添加库：wxPython，如图 8-15 所示。

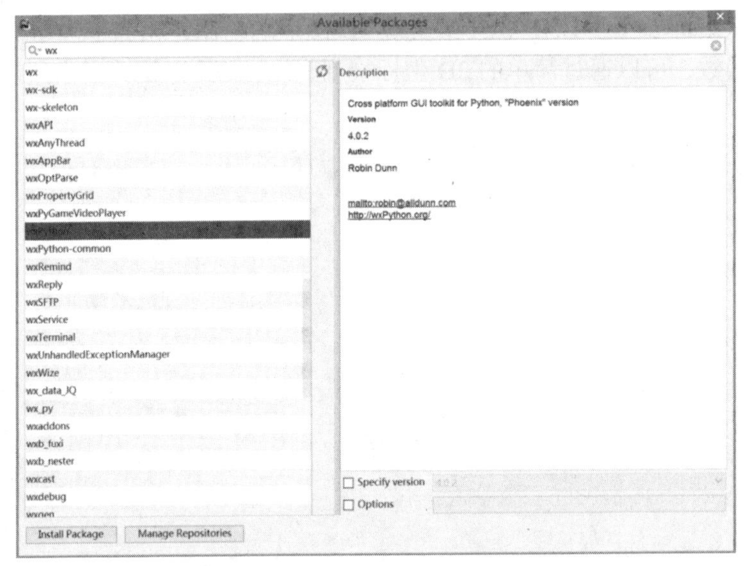

图 8-15　安装设置 wxPython 库

8.3.1　wxPython 基础知识

wxPython 是 Python 语言的一套优秀的 GUI 图形库，允许 Python 程序员很方便地创建完整的、功能健全的 GUI 用户界面。wxPython 是作为优秀的跨平台 GUI 库 wxWidgets 的 Python 封装和 Python 模块提供给用户的。

如同 Python 和 wxWidgets 一样，wxPython 也是一款开源软件，并且具有非常优秀的跨平台能力，能够支持运行在 32 位 Windows、绝大多数的 Unix 或类 Unix 系统、Macintosh OS X 下。

wxPython 提供了一个基类 wx.Window，许多构件都由它继承。包括 wx.Frame 构件，可以在所有的子类中使用 wx.Window 的方法。例如下面常见的几种方法：

- SetTitle(string title)：设置窗口标题。只可用于框架和对话框。
- SetToolTip(wx.ToolTip tip)：为窗口添加提示。
- SetSize(wx.Size size)：设置窗口的尺寸。
- SetPosition(wx.Point pos)：设置窗口出现的位置。
- Show(show = True)：显示或隐藏窗口。
- Move(wx.Point pos)：将窗口移动到指定位置。
- SetCursor(wx.StockCursor id)：设置窗口的鼠标指针样式。

8.3.2　Frame 的概念与作用

wx.Frame 是一个容器构件，意味着它可以容纳其他构件。它有如下构造器：

```
wx.Frame( wx.Window parent, id, string title, wx.Point pos=wx.DefaultPosition, wx.Size size=wx.DefaultSize, style = wx.DEFAULT_FRAME_STYEL, string name='frame' )
```

参数 1 : parent，当前窗口的父窗口，如果当前窗口是 top-level window 的话，则 parent=None，如果不是顶层窗口，则它的值为所属 frame 的名字。

参数 2：id，窗体编号，默认为 -1，系统自动给它分配一个编号。

参数 3：title，窗体的标题栏，即 Caption，默认为空。

参数 4：pos，窗体的位置坐标，默认值为 (-1,-1)，窗体的位置由系统决定。

参数 5：size，窗体的大小，默认值为 (-1,-1)，窗体的大小由系统决定。

参数 6：style，窗体样式，默认值为 DEFAULT_FRAME_STYLE。

默认样式 DEFAULT_FRAME_STYLE 是如下这些值的复合：wx.MINIMIZE_BOX | wx.MAXIMIZE_BOX | wx.RESIZE_BORDER | wx.SYSTEM_MENU | wx.CAPTION | wx.CLOSE_BOX | wx.CLIP_CHILDREN。

它包括最小化按钮、最大化按钮、系统菜单、标题栏、关闭按钮、可变大小等，可以根据实际的需求改变样式。下面是一个演示案例。

【例 8-13】演示 Frame 框架。

扫一扫，看视频

```
import wx


def main():
    app = wx.App()
    frame = wx.Frame(None, -1, u'演示Frame', wx.DefaultPosition, size=(400, 300),style=wx.DEFAULT_FRAME_STYLE ^ (wx.RESIZE_BORDER | wx.MINIMIZE_BOX | wx.MAXIMIZE_BOX))
    frame.Center()
    frame.Show()
    app.MainLoop()

if __name__ == '__main__':
    main()
```

运行结果如图 8-16 所示。

图 8-16　用 wxPython 实现框架

由于篇幅的原因，关于 wxPython 的内容在此不再赘述，请感兴趣的读者查阅相关资料。

习题 8

一、单选题

1. 使用 Tkinter 编写窗口程序，一般使用 ________ 函数调用顶层窗口。

A）mainloop( )　B）new( )　C）__init__( )　D）start( )

2. Tkinter 中 Label 组件的作用是 ________。

A）用来显示图片和文本　B）只显示文本

C）用于接收输入的字符　D）用于提示消息

3. 下列关于 Tkinter 中 Frame 组件的说法错误的是 ________。

A）只是个容器　B）没有方法

C）不能定制外观　D）可以捕获键盘和鼠标的事件进行回调

4. 下列关于 Tkinter 中 Button 组件的说法正确的是 ________。

A）state 参数默认为 NORMAL，表示禁用

B）activebackground 表示按钮按下时的背景颜色

C）高度无法调整

D）可接受输入，但不能捕获键盘和鼠标事件

5. Tkinter 中的 Entry 组件是 ________。

A）用于进行消息框提示

B）用来接收用户输入

C）弹出对话框用于浏览文件和目录

D）用于生成窗口

6. 关于 Tkinter 中 MessageBox 组件的说法，错误的是 ________。

A）用于弹出提示框向用户告警

B）弹出提示框让用户选择下一步如何操作

C）包含不同的图标、按钮以及弹出提示音

D）必须加上 Button 组件才能使用

7. 关于 Tkinter 中的组件，正确的说法是 ________。

A）ListBox 是下拉列表

B）ComboBox 用于消息提示

C）滚动条 Scrollbar 组件只能用于容器组件

D）CheckButton 一次可以选择多个

8. Tkinter 中 Canvas 组件的函数，________ 是用于绘制椭圆形的。

A）create_rectangle　B）create_oval

C）create_arc　D）create_line

9. wxPython 提供的基类是 ________。

A）wx.Canvas　B）wx.Window

C）wx.Form　D）wx.Frame

10. wx.Frame 的构造函数 wx.Frame(wx.Window parent,id,string title,……) 中，parent 参数表示 _________。

A）当前窗口的父窗口　　B）当前容器的停靠窗口

C）当前构件的父类　　D）当前组件的基类

二、填空题

1. Python 通过 Tkinter 可以方便地调用 Tk 进行 _______________。

2. “from tkinter import *” 表示将 Tkinter 中的所有组件 _________。

3. Tk 使用了一种包管理器来管理所有的组件，当定义完组件之后，需要调用 _______ 方法来控制组件的显示方式，若不调用该方法，组件将 _______。

4. 顶层窗口也称为“_______”，实际上是一个普通窗口，包括一个标题栏和窗口管理器所提供的窗口装饰部分，如最大化按钮等。

5. pip 安装 wxPython 库的命令是 _________________。

三、编程题

1. 利用 Tkinter 编程设计界面，实现简单的计算器功能。

2. 利用 Tkinter 编程设计界面，实现通过组合框设置指定标签的颜色。

3. 利用 Tkinter 编程设计界面，实现计算 1~100 之间的素数之和。

第 9 章　网络编程

扫一扫，看视频

学习目标

◎ 了解计算机网络基础知识
◎ 掌握简单的网络编程技术
◎ 了解简单的网站开发技术

9.1　计算机网络基础

9.1.1　定义及分类

计算机网络是指将地理位置不同且具有独立功能的多个计算机系统用通信设备和线路连接起来，通过功能完善的网络软件（包括网络协议、信息交换方式、控制程序、网络操作系统及应用软件）实现网络资源共享和协同处理的系统。一个计算机网络应该包括主机、通信子网、协议。

按网络的拓扑结构，计算机网络可划分为集中式网络、分散式网络和分布式网络。

从网络的作用范围可划分为广域网 WAN（长距离、较低速率、高成本）、局域网 LAN（短距离、高速率、低成本）、城域网 MAN（从网络的使用范围分为公用网和专用网）。

9.1.2　网络体系结构及参考模型

计算机网络的各层及其协议的集合，称为网络体系结构。网络体系结构是抽象的，是计算机网络及其部件所应完成功能的精确定义，具体实现还是需要依赖遵循体系结构规则的软件和硬件系统。

网络协议（Network Protocol）是为进行网络中的数据交换而建立的规则、标准或约定，由语法、语义和同步三要素组成。

网络分层在不同的体系结构中也是不同的。例如，开放系统互连参考模型 OSI 体系结构将网络分为 7 层，TCP/IP 体系结构将网络分为 4 层。下面分别介绍。

1. OSI 参考模型

OSI 将网络分为 7 层，各层的功能和特征如下：

（1）物理层：透明地传送比特流。

（2）数据链路层：在两个相邻节点间的线路上以帧 (frame) 为单位进行数据传送。

（3）网络层：为分组交换网上的不同主机提供通信，数据的传送单位是分组或包。

（4）运输层：负责主机中两个进程之间的通信，数据传输的单位是报文段或分段（segment）。

（5）会话层：不参与具体的数据传输，在两个互相通信的进程之间，建立组织和协调其交互。

（6）表示层：主要解决用户信息的语法表示。

（7）应用层：直接为用户的应用进程提供服务，数据传输单位是报文（message）。

分层的计算机网络体系模型中，数据的流动就是一个封装与解封装的过程。

封装的五步如下：

Massage（报文）→ Segment（分段）→ Packet（分组）→ Frame（帧）→ Bit

在许多情况下，实体就是一个特定的软件模块；协议是控制两个对等实体进行通信的规则的集合（在协议的控制下，两个对等实体间的通信使得本层能够向上一层提供服务。要实现本层协议，还需要使用下面一层所提供的服务），本层的服务用户只能看见服务而无法看见下面的协议，下面的协议对上面的服务用户是透明的。协议是“水平的”，服务是“垂直的”。

2. TCP/IP 参考模型

TCP/IP 参考模型可以分为 4 个层次：应用层（application layer）；传输层（transport layer）；互联网络层（internet layer）；主机 - 网络层（host to network layer）。

其中，TCP/IP 参考模型的应用层与 OSI 参考模型的应用层相对应，TCP/IP 参考模型的传输层与 OSI 参考模型的传输层相对应，TCP/IP 参考模型的互联网络层与 OSI 参考模型的网络层相对应，TCP/IP 参考模型的主机 - 网络层与 OSI 参考模型的数据链路层和物理层相对应。在 TCP/IP 参考模型中，对 OSI 参考模型的表示层、会话层没有对应的协议。

（1）主机 - 网络层。在 TCP/IP 参考模型中，主机 - 网络层是参考模型的最低层，它负责通过网络发送和接收 IP 数据报。TCP/IP 参考模型允许主机连入网络时使用多种现成的与流行的协议，例如局域网协议或其他一些协议。

在 TCP/IP 的主机 - 网络层中，包括各种物理网协议，例如局域网的 Ethernet、局域网的 Token Ring、分组交换网的 X.25 等。当这种物理网被用作传送 IP 数据包的通道时，用户就可以认为是这一层的内容。这体现了 TCP/IP 协议的兼容性与适应性，它也为 TCP/IP 的成功奠定了基础。

（2）互联网络层。在 TCP/IP 参考模型中，互联网络层是参考模型的第二层，它相当于 OSI 参考模型网络层的无连接网络服务。互联网络层负责将源主机的报文分组发送到目的主机，源主机与目的主机可以在一个网上，也可以在不同的网上。

互联网络层的主要功能包括以下几点。

1）处理来自传输层的分组发送请求。在收到分组发送请求之后，将分组装入 IP 数据报，填充报头，选择发送路径，然后将数据报发送到相应的网络输出线路。

2）处理接收的数据报。在接收到其他主机发送的数据报之后，检查目的地址，如需要转发，则选择发送路径，转发出去；如目的地址为本节点 IP 地址，则除去报头，将分组交送传输层处理。

3）处理互联的路径、流程与拥塞问题。

TCP/IP 参考模型中的网络层协议是 IP（Internet Protrol）协议。IP 协议是一种不可靠、无连接的数据报传送服务的协议，它提供的是一种“尽力而为（best-effort）”的服务，IP 协议的协议数据单元是 IP 分组。

（3）传输层。在 TCP/IP 参考模型中，传输层是参考模型的第三层，它负责应用进程之间的端到端通信。传输层的主要目的是在互联网中源主机与目的主机的对等实体间建立用于会话的端到端连接。从这点上来说，TCP/IP 参考模型与 OSI 参考模型的传输层功能是相似的。

在 TCP/IP 参考模型中的传输层，定义了以下两种协议：

1）传输控制协议（transmission control protocol,TCP）。TCP 协议是一种可靠的面向连接的协议，它允许将一台主机的字节流 (byte stream) 无差错地传送到目的主机。TCP 协议将应用层的字节流分成多个字节段 (byte segment), 然后将一个个字节段传送到互联网络层，发送到目的主机。当互联网络层将接收到的字节段传送给传输层时，传输层再将多个字节段还原成字节流传送到应用层。TCP 协议同时要完成流量控制功能，协调收发双方的发送与接收速度，达到正确传输的目的。

2）用户数据协议（user datagram protocol,UDP）。UDP 协议是一种不可靠的无连接协议，它主要用于不要求分组顺序到达的传输中，分组传输顺序检查与排序由应用层完成。

（4）应用层。在 TCP/IP 参考模型中，应用层是参考模型的最高层。应用层包括所有的高层协议，并且总是不断有新的协议加入。目前，应用层协议主要有以下几种：

- 远程登录协议（Telnet）
- 文件传送协议（File Transfer Protocol，FTP）
- 单邮件传送协议（Simple Mail Transfer Protocol，SMTP）
- 域名系统（Domain Name System，DNS）
- 单网络管理协议（Simple Network Management Protocol，SNMP）
- 超文本传送协议（Hyper Text Transfer Protocol，HTTP）

9.2 Socket 编程

Socket 又称“套接字”，应用程序通常通过“套接字”向网络发出请求或者应答网络请求，使主机间或者一台计算机上的进程间可以通信。

套接字为 BSD UNIX 系统核心的一部分，而且它们也被许多其他类似 UNIX 的操作系统（包括 Linux）采纳。许多非 BSD UNIX 系统（如 Windows、OS/2、MAC OS 及大部分主机环境）都以库形式提供对套接字的支持。

Python 提供了两个级别访问的网络服务：

（1）低级的网络服务支持基本的 socket，它提供了标准的 BSD sockets API，可以访问底层操作系统 socket 接口的全部方法。

（2）高级别的网络服务模块 socketServer，它提供了服务器中心类，可以简化网络服务器的开发。

在 Python 中，用 socket() 函数创建套接字，语法格式如下：

```
socket.socket([family[, type[, protocol]]])
```

参数说明：

- family：套接字家族可以是 AF_UNIX 或者 AF_INET。
- type：套接字类型根据是面向连接的还是非连接可以分为 SOCK_STREAM 或 SOCK_DGRAM。

- protocol：一般不填，默认为 0。

Socket 对象的方法见表 9-1。

表 9-1　Socket 对象（内建）的方法

函数	描 述
服务器端套接字	
bind()	绑定地址（host，port）到套接字，在 AF_INET 下，以元组（host，port）的形式表示地址
listen()	开始 TCP 监听
accept()	被动接受 TCP 客户端连接，（阻塞式）等待连接的到来
客户端套接字	
connect()	主动发起 TCP 服务器连接
connect_ex()	connect() 函数的扩展版本，出错时返回出错码，而不是抛出异常
公共用途的套接字函数	
recv()	接收 TCP 数据，数据以字符串形式返回
send()	发送 TCP 数据
sendall()	完整发送 TCP 数据
recvfrom()	接收 UDP 数据
sendto()	发送 UDP 数据
close()	关闭套接字
getpeername()	返回连接套接字的远程地址。返回值通常是元组（ipaddr，port）
getsockname()	返回套接字自己的地址。通常是一个元组（ipaddr，port）
setsockopt(level,optname,value)	设置给定套接字选项的值
getsockopt(level,optname[.buflen])	返回套接字选项的值
settimeout(timeout)	设置套接字操作的超时期，timeout 是一个浮点数，单位是秒
gettimeout()	返回当前超时期的值，单位是秒，如果没有设置超时期，则返回 None
fileno()	返回套接字的文件描述符
setblocking(flag)	如果 flag 为 0，则将套接字设为非阻塞模式，否则将套接字设为阻塞模式（默认值）
makefile()	创建一个与该套接字相关联的文件

【例 9-1】演示 socket 编程。

代码如下：

（1）服务器端。首先，使用 socket 模块的 socket 函数创建一个 socket 对象。socket 对象可以通过调用其他函数来设置一个 socket 服务。可以通过调用 bind(hostname, port) 函数来指定服务的 port(端口)。接着，调用 socket 对象的 accept 方法，该方法等待客户端的连接并返回 connection 对象，表示已连接到客户端。

```
#!/usr/bin/python
# -*- coding: UTF-8 -*-
# 文件名:server.py
import socket  # 导入 socket 模块

s = socket.socket()  # 创建 socket 对象
host = socket.gethostbyname(socket.gethostname())  # 获取本地主机IP地址
port = 12345  # 设置端口
s.bind((host, port))  # 绑定端口
s.listen(5)  # 等待客户端连接
while True:
    c, addr = s.accept()  # 建立客户端连接
    print('地址:', addr, "申请连接")
    d = c.recv(1024)
    d = d.decode("utf-8")
    print("客户端发来的消息:",d)
    cReturn = '欢迎访问[来自:Server(' + host + ')]'
    c.send(cReturn.encode("utf-8"))
    c.close()  # 关闭连接
```

扫一扫，看视频

（2）客户端。接下来写一个简单的客户端实例连接到以上创建的服务。端口号为 12345。socket.connect(hosname, port) 方法打开一个 TCP 连接到主机为 hostname，端口为 port 的服务商。连接后就可以从服务端接收数据，记住，操作完成后需要关闭连接。

代码如下：

```
#!/usr/bin/python
# -*- coding: UTF-8 -*-
# 文件名:client.py

import socket  # 导入 socket 模块

s = socket.socket()  # 创建 socket 对象
host = socket.gethostbyname(socket.gethostname())  # 获取本地主机IP地址
port = 12345  # 设置端口号
s.connect((host, port))
s.send("我是客户端,现在申请连接".encode("utf-8"))
print(s.recv(1024).decode("utf-8"))
s.close()
```

现在打开两个终端，第一个终端执行 server.py 文件：

```
>>> python server.py
```

第二个终端执行 client.py 文件：

```
>>>python client.py
欢迎访问[来自:Server(192.168.1.106)]
```

这时再打开第一个终端，就会看到有以下信息输出：

```
地址:('192.168.1.106', 59426) 申请连接
客户端发来的消息:我是客户端,现在申请连接
```

在 PyCharm 中可以同时运行这两个程序，server 和 client 两个程序的运行界面如图 9-1 所示。

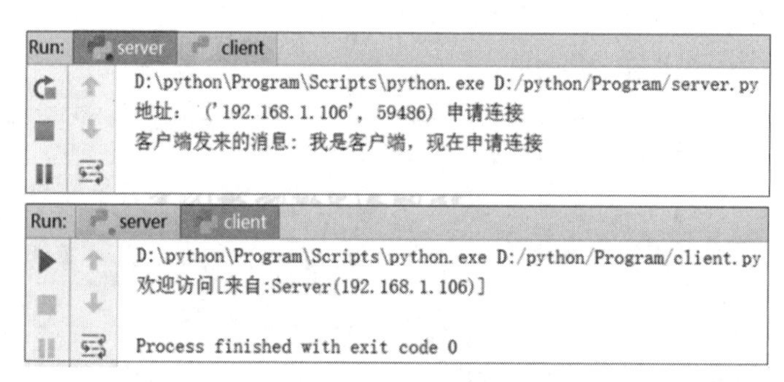

图 9-1　运行 server 和 client 后的效果

9.3　嗅探器

网络嗅探是监听流经本机网卡数据包的一种技术。嗅探器（Sniffer）就是利用这种技术进行数据捕获和分析的软件。编写嗅探器，捕获数据是前置功能，常用的以太网卡支持的工作模式有：广播模式、多播模式、直接模式和混杂模式。

下面以 Windows 平台嗅探 ICMP 为例。

```
HOST="10.170.19.126"
#创建原始套接字,然后绑定在公开接口上。在Windows上使用IP协议
if os.name == "nt":
    socket_protocol = socket.IPPROTO_IP
else:
    socket_protocol = socket.IPPROTO_ICMP
rawSocket = socket.socket(socket.AF_INET, socket.SOCK_RAW, socket_
protocol)
#该选项可以让多个socket对象绑定到相同的地址和端口上
rawSocket.setsockopt(socket.SOL_SOCKET, socket.SO_REUSEADDR, 1)
# 调用bind方法来绑定socket
rawSocket.bind((HOST, 0))
# 通过setsockopt函数来设置数据保护IP头部,IP头部就可以接收到
rawSocket.setsockopt(socket.IPPROTO_IP, socket.IP_HDRINCL, 1)
# 在WIN平台上,需要设置IOCTL以启用混杂模式
if os.name == "nt":
    rawSocket.ioctl(socket.SIO_RCVALL, socket.RCVALL_ON)
```

在上述代码中主要说的是 bind。bind HOST 其实绑定的是 HOST 对应的网卡，一台电脑其实可以有多个网卡，包括虚拟网卡。在 Windows 中，需要将网卡设置为混杂模式，这样就可以接收到所有经过本网卡的数据包。

经过上面的设置，raw socket 就可以嗅探了。下面把嗅探的内容打印出来，代码如下：

```
while True:
    pkt = rawSocket.recvfrom(2048)
    print(pkt)
```

通过管理员权限运行这个程序，ping 一下自己的 ip，可以看到 ICMP 报文被抓住了，如图 9-2 所示。

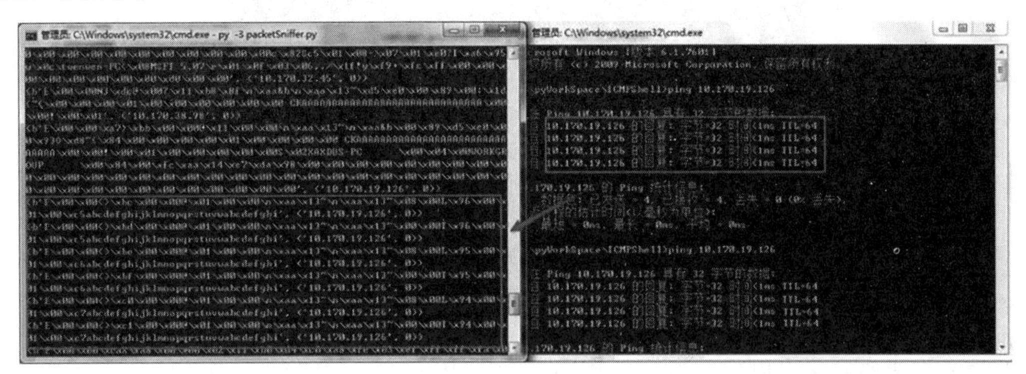

图 9-2　ICMP 嗅探演示图

9.4　抓取网页内容

网络爬虫（又称为网页蜘蛛、网络机器人）是一种按照一定的规则，自动地抓取万维网信息的程序或者脚本，它为搜索引擎从万维网上下载网页，是搜索引擎的重要组成部分。传统爬虫从一个或若干初始网页的 URL 开始，获得初始网页上的 URL，在抓取网页的过程中，不断从当前页面上抽取新的 URL 放入队列，直到满足系统的一定条件才停止。

9.4.1　爬虫的基本流程

网络爬虫的基本流程如下：

（1）发起请求。通过 url 向服务器发起 request 请求，请求可以包含额外的 header 信息。

（2）获取响应。服务器响应将返回一个 response，即请求的网页内容，或者是包含 HTML、Json 字符串或者二进制的数据（视频、图片）等。

（3）解析内容。如果是 HTML 代码，则可以使用网页解析器进行解析；如果是 Json 数据，则可以转换成 Json 对象进行解析；如果是其他数据，则可以保存到文件后再进一步分析处理。

（4）保存数据。可以保存到本地文件，也可以保存到数据库。

9.4.2　requests 库

requests 库是一个很实用的 Python HTTP 客户端库，编写爬虫和测试服务器响应数据时经常会用到。可以说，requests 库完全满足如今网络的需求。

1. requests 模块的安装

首先继续 requests 模块的安装。

（1）用 pip 命令安装。

在 Windows 系统下只需要在命令行输入命令 pip install requests 即可安装。

在 Linux 系统下，只需要输入命令 sudo pip install requests 即可安装。安装界面如图 9-3 所示。

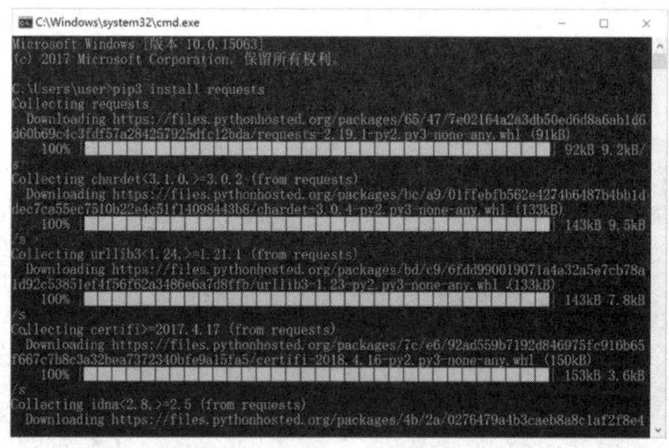

图 9-3　安装 requests 模块

（2）下载安装包安装。

pip 命令可能安装失败，所以有时要通过下载第三方库文件进行安装。

在 github 上的地址为 https://github.com/requests/requests ，下载文件到本地之后，解压到 python 安装目录，然后打开解压文件，在命令行输入 python setup.py install 即可。

安装之后，需要测试 requests 模块是否安装正确，例如在交互式环境中输入 import requests，如果没有任何报错，说明 requests 模块已经安装成功了。

2. requests 模块的使用方法

requests 库的使用方法见表 9-2。

表 9-2　requests 库的使用方法

方法	解释
request()	构造一个请求，支持各种方法
get()	获取 html 的主要方法
head()	获取 html 头部信息的主要方法
post()	向 html 网页提交 post 请求的方法
put()	向 html 网页提交 put 请求的方法
patch()	向 html 提交局部修改的请求
delete()	向 html 提交删除请求

request 对象的属性见表 9-3。

表 9-3　request 对象的属性

属性	说明
status_code	http 请求的返回状态，若为 200 则表示请求成功
text	http 响应内容的字符串形式，即返回的页面内容
encoding	从 http header 中猜测的相应内容编码方式
apparent_encoding	从内容中分析出的响应内容编码方式（备选编码方式）
content	http 响应内容的二进制形式

【例 9-2】用 requests 库访问腾讯官网。

```
import requests
#以访问腾讯为例
r=requests.get("http://www.qq.com")
#返回状态码,200代表成功
r.status_code
#更改编码
r.encoding='utf-8'
#打印网页内容
Print(r.text)
```

requests 交互命令如图 9-4 所示，程序的爬取结果如图 9-5 所示。

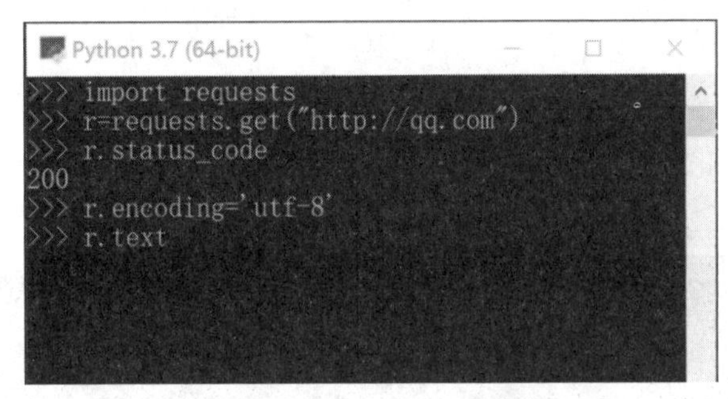

图 9–4　requests 交互命令

```
Python 3.7 (64-bit)
="imgArea">\r\n            <a href="http://2018.qq.com/" target="_bl
ank">\r\n            <img src="http://img1.gtimg.com/ninja/2/201
8/07/ninja153065281321705.jpg" alt="英格兰点球大战淘汰哥伦比亚 世界
杯八强全部产生">\r\n            </a>\r\n        </div>\r\n        <d
iv class="txtArea">\r\n            <h3><a href="http://2018.qq.com/"
 target="_blank">英格兰点球大战淘汰哥伦比亚 世界杯八强全部产生</a></
h3>\r\n        </div>\r\n\t    <ul>\r\n
                                        <li><a class="

    " target="_blank" href="https://v.qq.com/x/cover/xuj14t6pajtnmgl/
u0026rdzrqa.html">点球大战回放: 哥伦比亚痛失好局 皮克福德献神扑</a><
/li>\r\n
                            <li><a class="

                                                " target="_blank" hr
ef="http://2018.qq.com/a/20180704/002612.htm">世界杯8强出炉: 巴西将
战比利时 下半区变欧洲杯</a></li>\r\n
                                                <li><a class="
```

图 9–5　腾讯首页爬取结果

3. 爬取网页的通用代码框架

requests 库有时会产生异常，比如网络连接错误、http 错误异常、重定向异常、请求 url 超时异常等，这时需要判断 r.status_codes 是否是 200。可以利用 r.raise_for_status() 语句去捕捉异常，该语句在方法内部判断 r.status_code 是否等于 200，如果不等于，则抛出异常。

下面是爬取网页的通用代码框架。

```
try:
    r=requests.get(url,timeout=30)  #请求超时时间为30秒
    r.raise_for_status()        #如果状态不是200,则引发异常
```

```
        r.encoding=r.apparent_encoding    #配置编码
        return r.text
    except:
        return"产生异常"
```

【例 9-3】京东商品信息的爬取。

```
import requests
url='https://item.jd.com/4338107.html'      #选择一款笔记本的链接
try:
    r=requests.get(url,timeout=30)
    r.raise_for_status()
    r.encoding=r.apparent_encoding
    print(r.text[:1000])                     #打印部分信息
except:
    print("失败")
```

扫一扫，看视频

程序的运行结果如图 9-6 所示。

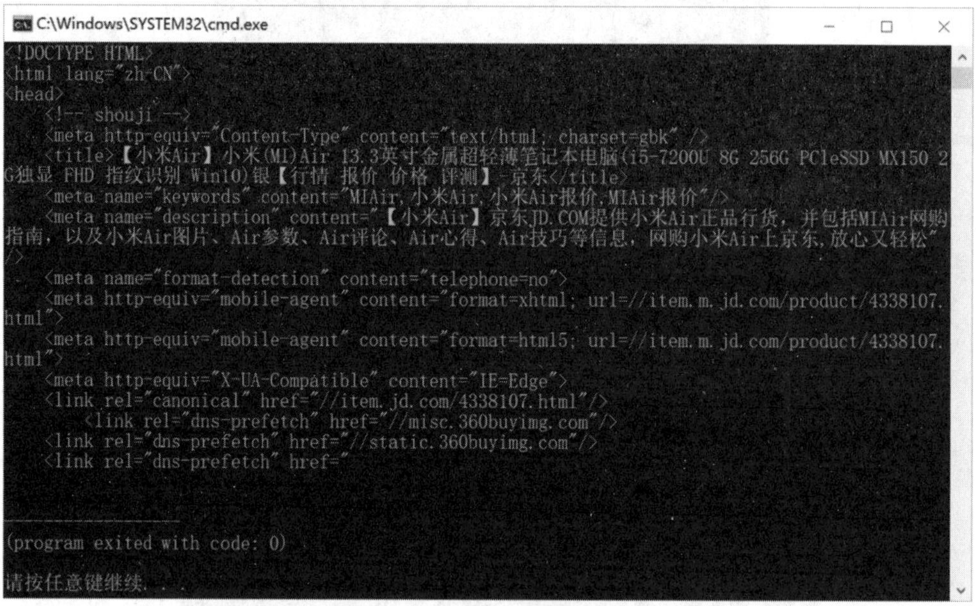

```
C:\Windows\SYSTEM32\cmd.exe
<!DOCTYPE HTML>
<html lang="zh-CN">
<head>
    <!-- shouji -->
    <meta http-equiv="Content-Type" content="text/html; charset=gbk" />
    <title>【小米Air】小米(MI)Air 13.3英寸金属超轻薄笔记本电脑(i5-7200U 8G 256G PCleSSD MX150 2
G独显 FHD 指纹识别 Win10)银【行情 报价 价格 评测】-京东</title>
    <meta name="keywords" content="MIAir,小米Air,小米Air报价,MIAir报价"/>
    <meta name="description" content="【小米Air】京东JD.COM提供小米Air正品行货，并包括MIAir网购
指南，以及小米Air图片、Air参数、Air评论、Air心得、Air技巧等信息，网购小米Air上京东,放心又轻松"
/>
    <meta name="format-detection" content="telephone=no">
    <meta http-equiv="mobile-agent" content="format=xhtml; url=//item.m.jd.com/product/4338107.
html">
    <meta http-equiv="mobile-agent" content="format=html5; url=//item.m.jd.com/product/4338107.
html">
    <meta http-equiv="X-UA-Compatible" content="IE=Edge">
    <link rel="canonical" href="//item.jd.com/4338107.html"/>
        <link rel="dns-prefetch" href="//misc.360buyimg.com"/>
    <link rel="dns-prefetch" href="//static.360buyimg.com"/>
    <link rel="dns-prefetch" href="

(program exited with code: 0)

请按任意键继续. . .
```

图 9-6　京东商品信息的爬取

【例 9-4】网络图片的爬取。

```
import requests
import os
try:
     url="http://img1.gtimg.com/21/2132/213283/21328323_200x20
0_0.jpg.psd" #图片地址
    root="E:/pic/"
    path=root+url.split("/")[-1]
    if not os.path.exists(root): #目录不存在则创建目录
        os.mkdir(root)
```

扫一扫，看视频

```
        if not os.path.exists(path): #文件不存在则下载文件
            r=requests.get(url)
            f=open(path,"wb")
            f.write(r.content)
            f.close()
            print("文件下载成功")
        else:
            print("文件已经存在")
    except:
    print("获取失败")
```

9.5　网站开发

Python 有上百个开源的 Web 框架，所以用 Python 开发一个 Web 框架十分容易。常见的 Python Web 框架还有：

- Flask：流行的 Web 框架；
- Django：全能型 Web 框架；
- Pyramid：规模适中的 Web 框架；
- Bottle：和 Flask 类似的 Web 框架；
- Tornado：Facebook 的开源异步 Web 框架。

这里先不讨论各种 Web 框架的优缺点，而是直接选择其中一个比较流行的 Web 框架 Flask 来使用。

Flask 是一款非常流行的 Python Web 框架，作者是 Armin Ronacher，本来这个项目只是作者在愚人节的一个玩笑，后来由于非常受欢迎，进而成为一个正式的项目。

Flask 自 2010 年发布第一个版本以来，大受欢迎，深得开发者的喜爱，并且在多个公司已经得到了应用，Flask 能如此流行的原因，可以分为以下几点：

- 微框架、简洁、只做需要做的，给开发者提供了很大的扩展性。
- Flask 和相应的插件写得很好。
- 开发效率非常高，比如使用 SQLAlchemy 的 ORM 操作数据库可以节省开发者大量书写 SQL 的时间。
- Flask 的灵活度非常高，它不会帮程序员做太多的决策，程序员可以按照自己的意愿进行更改。比如：使用 Flask 开发数据库的时候，具体是使用 SQLAlchemy 还是 MongoEngine，选择权完全掌握在程序员自己的手中。
- 区别于 Django。Django 内置了非常完善和丰富的功能，并且如果用户想替换成自己想要的，要么不支持，要么非常麻烦。
- 把默认的 Jinija2 模板引擎替换成其他模板引擎都是非常容易的。

【例 9-5】演示 Flask 程序。

（1）用 PyCharm 新建一个 Flask 项目。单击 Create 后创建一个新项目，然后在 helloworld.py 文件中书写代码。

扫一扫，看视频

```
#coding: utf8
```

```
# 从flask框架中导入Flask类
from flask import Flask

# 传入__name__初始化一个Flask实例
app = Flask(__name__)

# app.route装饰器映射URL和执行的函数。
@app.route('/')
def hello_world():
    return ' Hello World!'

if __name__ == '__main__':
# 运行本项目,默认的host是127.0.0.1,port为5000
    app.run()
```

（2）单击运行命令，在浏览器中输入 http://127.0.0.1:5000 就能看到“Hello World!”了。需要说明的是，app.run 这种方式只适合于开发，如果是在生产环境中，应该使用 Gunicorn 或者 uWSGI 来启动；如果是在终端运行的，可以按 Ctrl+C 键让服务停止。

运行结果如图 9-7 所示。

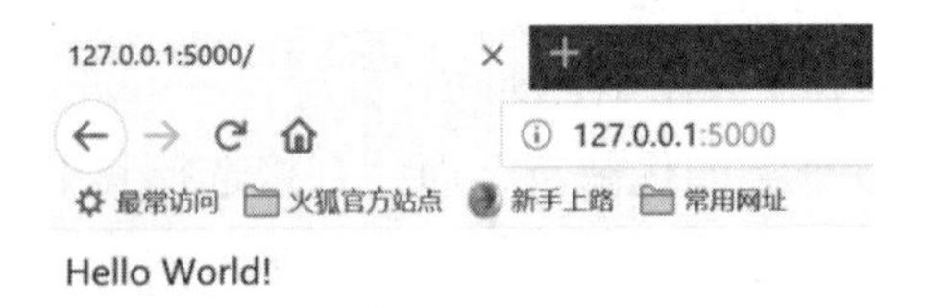

图 9-7　演示 Flask 程序的运行效果

运行上面的项目时需要设置 DEBUG 模式。

默认情况下 Flask 不会开启 DEBUG 模式。开启 DEBUG 模式后，Flask 会在每次保存代码时自动地重新载入代码，如果代码有错误，会在终端进行提示。

开启 DEBUG 模式有三种方式：

（1）直接在应用对象上设置：

```
app.debug = True
app.run()
```

（2）在执行 run 方法时，传递参数进去：

```
app.run(debug=True)
```

（3）在 config 属性中设置：

```
app.config.update(DEBUG=True)
```

如果一切正常，会在终端打印以下信息：

```
* Restarting with stat
* Debugger is active!
* Debugger pin code: 294-745-044
* Running on http://0.0.0.0:9000/ (Press CTRL+C to quit)
```

9.6 综合案例

网页抓取技术有很多种，下面通过一个实例展示 Python 爬虫技术的实用价值。

程序中根据百度图片库接口 url，搜索多页图片链接并下载图片。图片链接用正则表达式表示；接口参数中的搜索关键字、页号和每页图片数用输入参数设置。

程序中获取图片文件内容后立即存储到指定文件夹中。

【例 9-6】爬取百度图片。

扫一扫，看视频

```
import os, re, requests

root = 'D:/Python/download/'  # 图片文件夹
if not os.path.exists(root):
    os.makedirs(root)

pattern = r'"ObjURL":"(.*?)"' # 匹配图片链接的正则表达式
pattern = re.compile(pattern)

# 获取url对应的源码页面内容
def getTextFromHtml(url):
    cReturn = ""
    try:
        r = requests.get(url, timeout=30, headers={'user-agent': 'mozilla/5.0'})
        r.raise_for_status()
        r.encoding = r.apparent_encoding
        cReturn = r.text
    except:
        cReturn = ''
    return cReturn

# 下载图片(url列表)
def download(List):
    for u in List:
        try:
            path = root + u.split('/')[-1]
            u = u.replace('\\', '')
            r = requests.get(u, timeout=30)
            r.raise_for_status()
            r.encoding = r.apparent_encoding
            if not os.path.exists(path):
                with open(path, 'wb') as f:
                    f.write(r.content)
                    f.close()
                    print(path + ' 文件保存成功')
```

```
            except:
                print(u, "下载失败,可能链接不是指定格式图片")

    def getOtherPage(nPage, nNum, word):
        urllist = []
        #链接接口
        url = r'http://image.baidu.com/search/acjson?tn=resultjson_
com&ipn=rj&ct=201326592
        &is=&fp=result&queryWord={word}&cl=2&lm=-1&ie=utf-8&oe=utf-
8&adpicid=&st=-1
       &z=&ic=0&word={word}&s=&se=&tab=&width=&height=&face=0&istype=2&qc=&
nc=1
        &fr=&pn={pn}&rn={rn}'

        for x in range(1, nPage + 1):
            u = url.format(word=word, pn=nNum * x, rn=nNum)
            urllist.append(u)
        return urllist

    # n = int(input('输入每页显示多少张图片:'))
    n = 30 # 手工设置每页30张图片
    page = int(input('输入想下载多少页图片(每页%d张图片):' % (n)))
    word = input('输入想下载的图片搜索关键字:')
    #链接接口
    url = 'http://image.baidu.com/search/index?tn=baiduimage&ipn=r&ct=2013265
92&cl=2&lm=-1
    &st=-1&fm=result&fr=&sf=1&fmq=1499773676062_R&pv=&ic=0&nc=1&z=&se=1&showt
ab=0
    &fb=0&width=&height=&face=0&istype=2&ie=utf-8&word={word}'.format(
word=word)
    html = getTextFromHtml(url)
    firstUrlList = re.findall(pattern, html)
    download(firstUrlList)

    #下载其他页面的图片
    otherUrlList = getOtherPage(page, n, word)
    for i in range(page):
        html = getTextFromHtml(otherUrlList[i])
        url = re.findall(pattern, html)
        download(url)
```

程序运行后输入页数和搜索关键字:

```
输入想下载多少页图片(每页30张图片):2
输入想下载的图片搜索关键字:Python
```

程序继续运行，结果如下：

```
http://img4.imgtn.bdimg.com/it/u=2236041109,4193601211&fm=214&gp=0.jpg 下载失败,可能链接不是指定格式图片
http://static.open-open.com/lib/uploadimg/20160623/20160623173015_416.png 下载失败,可能链接不是指定格式图片
http://img0.imgtn.bdimg.com/it/u=2633991645,524145093&fm=214&gp=0.jpg 下载失败,可能链接不是指定格式图片
http://img0.imgtn.bdimg.com/it/u=452456850,2506636748&fm=214&gp=0.jpg 下载失败,可能链接不是指定格式图片
D:/Python/download/27098151_normal.jpg 文件保存成功
http://img0.imgtn.bdimg.com/it/u=2538959015,3669366912&fm=214&gp=0.jpg 下载失败,可能链接不是指定格式图片
D:/Python/download/5d9c7b92acbd4ac699c3a36b7ee76192.jpeg 文件保存成功
……
```

在 D:\Python\Download 下陆续下载关于“Python”的图片，如图 9-8 所示。

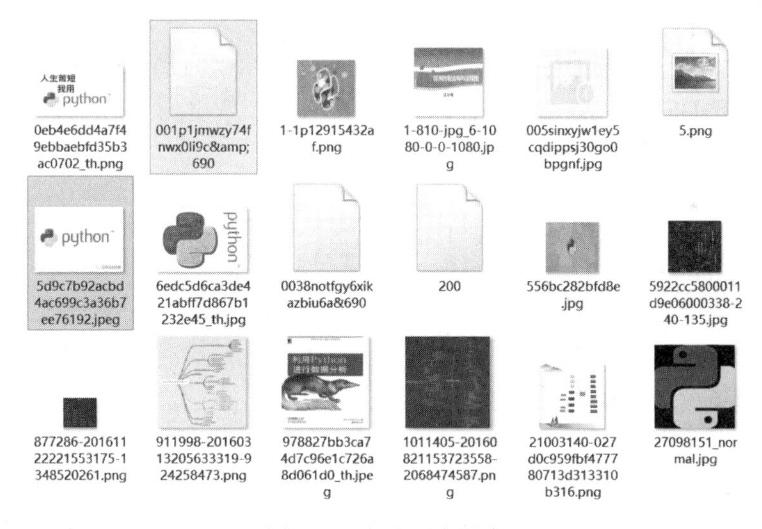

图 9-8　爬取百度图库

习题 9

一、单选题

1. 网络中用于处理路由、拥塞问题的是 ________。

A）应用层　　B）传输层　　C）互联网络层　　D）主机 - 网络层

2. Python 中用 ________ 函数创建套接字。

A）network( )　　B）socket( )　　C）ip-port( )　　D）message( )

3. 用来指定服务的 port(端口) 的函数是 ________。

A）set_port(hostname, port)　　B）ipconfig(ip,port)

C）netstat(port)　　D）bind(hostname, port)

4. 用于接收 UDP 数据的函数是 ________。

A）connect( )　B）recvfrom( )　C）recv( )　D）accept( )

5. 以太网卡不支持的工作模式是 ________。

A）间接模式　B）多播模式　C）直接模式　D）混杂模式

6. 不是网络爬虫的基本流程是 ________。

A）发起请求　B）获取响应　C）解析内容　D）响应服务器

7. requests 模块的使用方法，描述错误的是 ________。

A）request( ) 用于构造一个请求

B）get( ) 用于获取 html 的主要方法

C）post( ) 用于向 html 网页提交 post 请求的方法

D）delete( ) 用于删除已下载的数据

8. requests 库运行产生异常，不包括 ________。

A）网络连接错误　B）重定向异常

C）用户错误　D）请求 url 超时异常

9. 常见的基于 Python 的 Web 框架不包括 ________。

A）Flask　B）Django　C）Tornado　D）spring MVC

10. Flask 开启 DEBUG 模式的操作不包括 ________。

A）app.debug = True app.run()

B）app.run(debug=True)

C）app.config.update(DEBUG=True)

D）__main()__

二、填空题

1. 计算机网络按范围分为 ______________ 和 ______________。

2. TCP/IP 体系结构将网络分为 4 层，分别是 ____________________________________ ______________。

3. 应用程序通常通过“套接字”向网络发出请求或者应答网络请求，使主机间或者一台计算机上的 __________ 间可以通信。

4. 网络嗅探是监听流经本机 ________ 数据包的一种技术。

5. 网络爬虫的基本流程主要包括 ____。

三、编程题

1. 编写一个爬取指定网站主页的程序。

2. 编写一个爬取指定网站图片的程序（非百度图库）。

第 10 章　大数据

扫一扫，看视频

学习目标

◎ 了解大数据的基本技术

◎ 了解典型的大数据平台

大数据已经成为现代数据处理中不可或缺的一部分，各行各业都在以空前的规模提供着数据。随着物联网的到来，大量数据还会呈指数级增长。这些数据的分析将会带来很多富有价值的信息并成为决策、定位目标客户、更好服务的依据。

现在有很多工具辅助大数据分析，但最受欢迎的是 Python。

大数据分析需要各种工具和类库，例如 Anaconda，其中包括：

- NumPy：提供高级数学运算功能的基础类库。
- SciPy：专注于工具和算法的可靠类库。
- Sci-kit-learn：面向机器学习的类库。
- Pandas：包括各种 Seris、DataFrame 等数据类库。
- Matplotlib：数据可视化工具，简单且有效的数值绘图类库。

10.1　数据分析基础

限于篇幅，本章主要介绍 pandas 和 matplotlib，并以此为工具实现大数据的处理和分析。

10.1.1　pandas 简介

pandas 是 Python 的一个数据分析包，由 AQR Capital Management 于 2008 年 4 月开发，2009 年底开源，目前由专注于 Python 数据包开发的 PyData 开发团队继续开发和维护，属于 PyData 项目的一部分。

导入方式：

- from pandas import Series, DataFrame
- import pandas

其中，Series 是一维标记数组，可以存储任意数据类型，如整型、字符串型、浮点型和 Python 对象等，轴标一般指索引。DataFrame 是二维标记数据结构，列可以是不同的数据类型。它是最常用的 pandas 对象，像 Series 一样可以接收多种输入，如 lists、dicts、series 和 DataFrame 等。初始化对象时，除了数据还可以传 index 和 columns 这两个参数。

1. Series 的创建

（1）通过一位数组创建。

```
import pandas as pd
x=pd.Series(range(5))
print(x)
```

输出结果为：

```
0    0
1    1
2    2
3    3
4    4
```

（2）通过字典创建。

```
import pandas as pd
x=pd.Series({"a":1,"b":2,"c":3,"d":4})
print(x)
```

输出结果为：

```
a    1
b    2
c    3
d    4
```

2. DataFrame 的创建

（1）通过二维数组创建。

```
import pandas as pd,numpy as np

x=np.array([range(4),range(2,10,2)])
y=pd.DataFrame(x)
print(y)
```

输出结果为：

```
   0  1  2  3
0  0  1  2  3
1  2  4  6  8
```

（2）通过字典列表创建。

```
x={"0":[1,2,3],"1":[2,3,4],"2":[3,4,5]}
y=pd.DataFrame(x)
print(y)
```

输出结果为：

```
   0  1  2
0  1  2  3
1  2  3  4
2  3  4  5
```

（3）通过嵌套字典创建。

```
x={"0":{'1':1,'2':2,'3':3},"1":{'1':2,'2':4,'3':6}}
y=pd.DataFrame(x)
print(y)
```

输出结果为：

```
   0  1
1  1  2
2  2  4
3  3  6
```

（4）通过 Dataframe 创建。

```
x={"0":{'1':1,'2':2,'3':3},"1":{'1':2,'2':4,'3':6},"2":{'1':3,'2':6,'3':9}}
y=pd.DataFrame(x)
z=y[['0','2']]
print(z)
```

输出结果为：

```
   0  2
1  1  3
2  2  6
3  3  9
```

10.1.2　获取数据

1. 获取 Series 序列的数据

如果没有给序列指定索引，就创建一个从 0 开始自增的序列，可以通过 index 来获取或指定索引值。

```
x=pd.Series(range(100))
print(x.values[2:6])
```

输出结果为：

```
[2 3 4 5]
```

2. 获取 DataFrame 的数据

（1）获取列数据。

```
obj [列名]
obj.列名
```

（2）获取行数据。

```
obj.iloc[索引值]          #只适用于数字标签的索引
obj.loc[ ' ']            #适用于索引是字符串标签
obj.ix[' ' ]             #主要用于字符串标签的索引，也可作为数字索引的备选
obj.head()               #前几行
obj.tail()               #后几行
```

例如下面的程序段：

```
x={"a":{'1':1,'2':2,'3':3},"b":{'1':2,'2':4,'3':6},"c":{'1':3,'2':6,'3':9}}
y=pd.DataFrame(x)
y["d"]={'1':4,'2':8,'3':12} #增加一列
print(y.a)
```

输出结果为：

```
1    1
```

```
2    2
3    3
```

```
print(y["a"])
```

输出结果为：

```
1    1
2    2
3    3
```

```
print(y.loc['1'])
```

输出结果为：

```
a    1
b    2
c    3
d    1
```

```
print(y.head(2))
```

输出结果为：

```
   a  b  c  d
1  1  2  3  1
2  2  4  6  2
```

```
print(y.tail(2))
```

输出结果为：

```
   a  b  c  d
2  2  4  6  2
3  3  6  9  3
```

以上代码集成后得到如下案例：

【例 10-1】演示 pandas 的 Seris 和 DataFrame 的使用。

```
import pandas as pd,numpy as np
x=pd.Series(range(5))
print(x)

x=pd.Series({"a":1,"b":2,"c":3,"d":4})
print(x)

x=np.array([range(4),range(2,10,2)])
y=pd.DataFrame(x)
print(y)

x={"0":[1,2,3],"1":[2,3,4],"2":[3,4,5]}
y=pd.DataFrame(x)
print(y)

x={"0":{'1':1,'2':2,'3':3},"1":{'1':2,'2':4,'3':6},"2":{'1':3,'2':6,'3':9}}
```

扫一扫，看视频

```
y=pd.DataFrame(x)
print(y)

x={"0":{'1':1,'2':2,'3':3},"1":{'1':2,'2':4,'3':6},"2":{'1':3,'2':6,'3':9}}
y=pd.DataFrame(x)
z=y[['0','2']]
print(z)

x=pd.Series(range(100))
print(x.values[2:6])

x={"a":{'1':1,'2':2,'3':3},"b":{'1':2,'2':4,'3':6},"c":{'1':3,'2':6,'3':9}}
y=pd.DataFrame(x)
y["d"]={'1':4,'2':8,'3':12}
print(y.a)
print(y["a"])
print(y.loc['1'])
print(y.head(2))
print(y.tail(2))
```

10.2　数据处理

有了以上基础知识，现在可以做一些复杂的数据处理操作。

为了学习方便，作者制作了一个演示用的数据文件 Student.csv。Csv 是一种简单的文本数据格式，可以用记事本直接打开查看。

```
年份,考点,课程,总分,选择题,填空题,阅读题,编程题
20131,104,211,55,25,11,9,10
20131,104,211,55,26,12,9,8
20131,104,211,51,18,13,12,8
20131,104,211,53,24,10,9,10
20131,104,211,50,25,11,4,10
20131,104,211,44,25,11,1,7
20131,104,211,58,18,13,14,13
20131,104,211,51,26,10,8,7
20131,104,211,42,22,9,1,10
20131,104,211,45,21,12,4,8
```

10.2.1　引入数据集

读取 csv 数据的方法如下：

```
import pandas as pd
df = pd.read_csv( '文件路径名' ,header = None,encoding="cp936")
```

参数：

- header：表示返回的数据是否有别名。

- encoding：表示编码，主要有 UTF-8、GBK、ISO-8859-1 等。Windows 下默认为 cp936，与 GBK 近似。

输出 df 的结果如下：

```
    年份    考点  课程  总分   选择题  填空题  阅读题  编程题
0 20131   104   211   55    25      11       9     10
1 20131   104   211   55    26      12       9     8
2 20131   104   211   51    18      13      12     8
3 20131   104   211   53    24      10       9     10
4 20131   104   211   50    25      11       4     10
5 20131   104   211   44    25      11       1     7
6 20131   104   211   58    18      13      14     13
7 20131   104   211   51    26      10       8     7
8 20131   104   211   42    22      9        1     10
9 20131   104   211   45    21      12       4     8
```

10.2.2 查询数据

1. 查询前几行或后几行

```
print(df.head(2))
print(df.tail(2))
```

查询结果如下：

```
    年份     考点  课程  总分  选择题  填空题  阅读题  编程题
0   20131   104   211   55    25      11       9      10
1   20131   104   211   55    26      12       9       8
    年份    考点   课程  总分  选择题  填空题  阅读题  编程题
8   20131   104   211   42    22       9     1      10
9   20131   104   211   45    21      12     4       8
```

2. 查询指定的行

```
df.ix[ ]          #索引是字符串或数字,多行索引必须使用两个中括号df.ix[[  ]]
df.loc[ ]         #索引字符串
df.iloc[ ]        #索引数字
```

例如：

```
print(df.iloc[2])
```

输出结果如下：

```
年份     20131
考点       104
课程       211
总分        51
选择题      18
填空题      13
阅读题      12
编程题       8
```

3. 查询指定的列或多个列

```
df [列名] 或 df.列名
```

例如:

```
df.[['年份', '课程', '总分']]
```

4. 查询指定的行和列

```
df[(df[:].index<3)][['年份', '课程']]      #前3行,列:年份、课程
df.iloc[[0,2,4],0:]                         #0,2,4行,所有列
df.loc[[0,2,4],['年份','课程', '总分']]     #0,2,4行,列:年份、课程、总分
df.ix[0:2,[1,2]]                            #第0行到第2行,第1列和第2列
```

5. 综合查询

(1)查询所有总分不及格的信息:

```
df[df['总分']<60]
```

(2)多条件查询,查询所有总分不及格并且编程题大于 10 分的信息:

```
df[(df['总分'] < 80) & (df['编程题'] > 10)]
```

(3)查询所有总分不及格并且编程题大于 10 分的“年份、课程、编程题、总分”信息:

```
df[(df['总分'] <80)&(df['编程题']> 8)][['年份','课程','编程题','总分']]
```

(4)用程序实现查询:

```
for i in df[:].index:
    if i in [0,2,4]:
        print(df[(df[:].index==i)][['年份', '课程', '总分']])
```

将以上部分代码集成后,得到如下演示程序:

【例 10-2】演示 csv 格式的数据处理。

扫一扫,看视频

```
import pandas as pd, numpy as np

df = pd.read_csv(r"d:\python\cj.csv", encoding="GBK")
df1 = df.dropna(axis=0, inplace=False)
print(df[['年份', '课程', '总分']])
print(df1[(df1['总分'] < 80) & (df1['编程题'] > 10)])
print(df1[(df1['总分'] < 80) & (df1['编程题'] > 8)][['年份', '课程', '编程题', '总分']])
for i in df[:].index:
    if i in [0, 2, 4]:
        print(df[(df[:].index == i)][['年份', '课程', '总分']])
print(df.iloc[[0, 2, 4], 0:])
print(df.loc[[0, 2, 4], ['年份', '课程', '总分']])
print(df.ix[0:2, [1, 2]])
```

10.3 大数据

10.3.1 定义

大数据(big data)指无法在一定时间范围内用常规软件工具进行捕捉、管理和处理的

数据集合，是需要新处理模式才能具有更强的决策力、洞察发现力和流程优化能力的海量、高增长率和多样化的信息资产。

麦肯锡全球研究所给出的定义是：大数据是一种规模大到在获取、存储、管理、分析方面大大超出了传统数据库软件工具能力范围的数据集合，具有海量的数据规模、快速的数据流转、多样的数据类型和价值密度低四大特征。

从技术上看，大数据通常无法用单机进行处理，而是采用分布式架构，其特色在于对海量数据进行分布式数据挖掘。技术上，大数据依托云计算的分布式处理、分布式数据库和云存储、虚拟化技术。

大数据通常表现为大量非结构化数据和半结构化数据，这些数据在下载到关系型数据库用于分析时会花费过多时间和金钱，所以大数据分析常和云计算结合在一起，把任务分配给数十、数百或甚至数千的电脑。

为了有效地处理大量的数据，并能容忍花费的时间，大数据需要特殊的技术。适用于大数据的技术，包括大规模并行处理数据库、数据挖掘、分布式文件系统、分布式数据库、云计算平台、互联网和可扩展的存储系统等。

维克托 · 迈尔 - 舍恩伯格及肯尼斯 · 库克耶编写的《大数据时代》中认为大数据不用随机分析法（抽样调查）这样的捷径，而是对所有数据进行分析处理。IBM 提出大数据的 5V 特点，即 Volume（大量）、Velocity（高速）、Variety（多样）、Value（低价值密度）、Veracity（真实性）。

10.3.2 结构

大数据包括结构化、半结构化和非结构化数据。非结构化数据越来越成为数据的主要部分。企业中 80% 的数据都是非结构化数据，这些数据每年都按指数增长 60%。大数据其实是互联网发展到现今阶段的一种表象或特征，在以云计算为代表的技术创新大幕的衬托下，这些原本散乱的数据开始被轻松地利用起来，通过各行各业的不断创新，大数据逐步为人类创造更多的价值。

系统地认知大数据，可以从理论、技术和实践等层面逐渐展开。理论是认知的必经途径，也是被广泛认同和传播的基线。从大数据的特征定义理解行业对大数据的整体描绘和定性；从对大数据价值的探讨来深入解析大数据的珍贵所在，洞悉大数据的发展趋势；从大数据隐私这个特别而重要的视角审视人和数据之间的长久博弈，技术是大数据价值体现的手段和前进的基石；从云计算、分布式处理技术、存储技术和感知技术的发展来说明大数据从采集、处理、存储到形成结果的整个过程，实践是大数据的最终价值体现；从互联网的大数据、企业与个人的大数据、政府部门的大数据等多个方面来描绘大数据，最终价值的体现是极其惊人的。

10.3.3 意义

大数据是社会高速发展的产物。阿里巴巴创始人马云曾经提到，未来的时代将不是 IT 时代，而是 DT 时代，DT 就是 Data Technology（数据科技）。

大数据其实并不在于容量大，而在于有价值。对于很多政府、企业和个人而言，如何利用这些大规模数据是关键。

大数据的价值体现在以下几个方面：

（1）可以利用大数据进行精准营销。

（2）可以利用大数据做服务转型。

（3）可以利用大数据获取科学的分析结论。

任何问题都需要辩证地去看待，大数据不是万能的，不能取代一切对于社会问题的理性思考，科学发展的逻辑不能被湮没在海量数据中。不能忙碌于资料的无益累积，而丧失其对特殊意义的了解，这需要引起警惕。

如何在功率、覆盖范围、传输速率和成本之间找到平衡点也是困扰大数据技术的问题之一。利用大数据并对其分析可以降低成本、提高效率、提供业务决策，例如，利用大数据解析故障、问题和缺陷的根源；利用大数据为车辆提供实时导航路线，躲避拥堵；利用大数据指导商品定价、库存管理；利用大数据为客户推送感兴趣的商品及优惠打折信息；利用大数据快速识别出 VIP 客户。

关于大数据，我国于 2015 年 9 月由国务院印发《促进大数据发展行动纲要》，系统部署大数据发展工作。在未来 5 至 10 年打造精准治理、多方协作的社会治理新模式，建立运行平稳、安全高效的经济运行新机制，构建以人为本、惠及全民的民生服务新体系，开启大众创业、万众创新的创新驱动新格局，培育高端智能、新兴繁荣的产业发展新生态。加快政府数据开放共享，推动资源整合，提升治理能力。把大数据作为基础性战略资源，全面实施促进大数据发展行动，加快推动数据资源共享开放和开发应用，助力产业转型升级和社会治理创新。

10.3.4 大数据技术

大数据技术，简而言之，就是提取大数据的价值的技术，是根据特定目标，经过数据收集与存储、数据筛选、算法分析与预测、数据分析结果展示等，为做出正确决策提供依据，其数据级别通常在 PB 以上。常用的大数据技术有：

- 基础：Linux、Docker、KVM、MySQL、Oracle、MongoDB、Redis、Hadoop、Phoenix、Azkaban 等。
- 存储与架构：Hbase、Hive、Sqoop、Avro、Protobuf、Redis、Flume、Zookeeper、Kafka、SSM 等。
- 采集、计算、分析：Python、Scala、Java 、Mahout、Spark、Storm。

大数据处理的基本步骤如图 10-1 所示。

图 10-1 大数据分析流程图

Python 主要用于大数据分析。以上提到的各种工具并非需要全部掌握，根据大数据的具体特点和应用场景，选择部分工具就可以实现。

10.4 数据分析案例

10.4.1 随机数据分析

下面的程序先随机生成 100000 个 0~100 分的成绩，然后分段统计成绩的数量。程序中需要导入 pandas、matplotlib 库。如果没有安装这两个库，可以在命令行输入：

```
pip install pandas
pip install matplotlib
```

安装后在设置中添加这两个库。

下面是实现成绩分析的小程序。

【例 10-3】演示数据分析的小程序。

```
# -*- coding: utf-8 -*-
# 演示数据分析的小程序
import csv
import random
import pandas as pd
import matplotlib.pyplot as plt

csvfile = r"d:\python\score.csv"

# s随机生成100000个0~100分的成绩数据
with open(csvfile, 'w') as fp:
    wr = csv.writer(fp)
    wr.writerow(["学号", "成绩"])
    for i in range(100000):
        wr.writerow([str(i + 1), random.randrange(101)])

nleft = 0
nright = 0

def flag(s):
    global nleft, nright
    if s < nright and s >= nleft:
        return 1
    else:
        return 0

df = pd.read_csv(r"d:\python\score.csv", encoding="cp936")
df = df.dropna(axis=0)
plt.figure()
x = df["成绩"]
lx = list(x)
ly = list(range(101))

# 方法1
total = list(range(101))  # 人数

for i in range(101):
    nleft = i
```

扫一扫，看视频

```
    nright = i + 1
    total[i] = sum(map(flag, lx))  # 分段人数统计

plt.plot(ly, total)  # 制图
print(total)
plt.show()

# 方法2
for i in range(101):
    total[i] = x.between(i, i).sum()
plt.plot(ly, total)  # 制图
print(total)
plt.show()

# 方法3
for i in range(101):
    total[i] = lx.count(i)
plt.plot(ly, total)  # 制图
print(total)
plt.savefig(r"d:\python\分段成绩统计1.png.psd")  # 存为图形文件
plt.show()

# 方法4
area = [0, 60, 85, 101]
ly = ["0-59", "60-84", "85-100"]
total = [0, 0, 0]  # 0-59,60-84,85-100
for i in range(len(area) - 1):
    total[i] = sum(map(lambda x: (x < area[i + 1] and x >= area[i]), lx))
    # 分段人数统计
plt.plot(ly, total)  # 制图
print(total)
plt.show()

# 方法5
from functools import partial

def f(s, nleft, nright):
    if s < nright and s >= nleft:
        return 1
    else:
        return 0

area = [0, 60, 85, 101]
```

```
    ly = ["0-59", "60-84", "85-100"]
    total = [0, 0, 0]  # 0-59,60-84,85-100
    for i in range(len(area) - 1):
        total[i] = sum(map(partial(f, nleft=area[i], nright=area[i + 1]), lx))  # 分段人数统计
    plt.plot(ly, total)  # 制图
    print(total)
    plt.savefig(r"d:\python\分段成绩统计2.png.psd")  # 存为图形文件
    plt.show()
```

程序运行后生成 score.csv 文档，文档的内容如下：

```
学号,成绩
1,81
2,86
3,92
4,77
5,82
6,78
……
100000,89
```

程序最后生成了统计的图文件“分段成绩统计 1.png”和“分段成绩统计 2.png”，样式如图 10-2 所示。

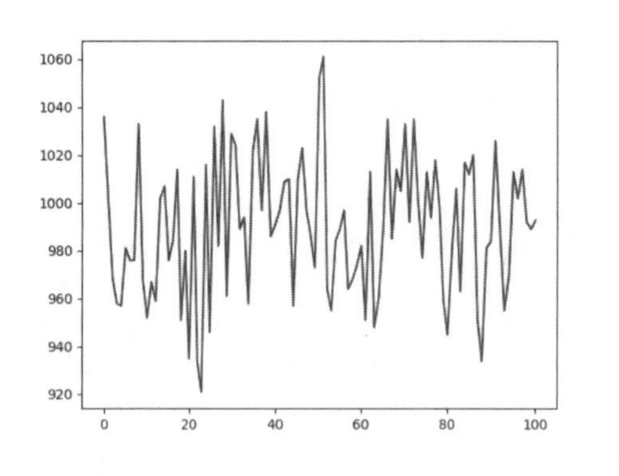

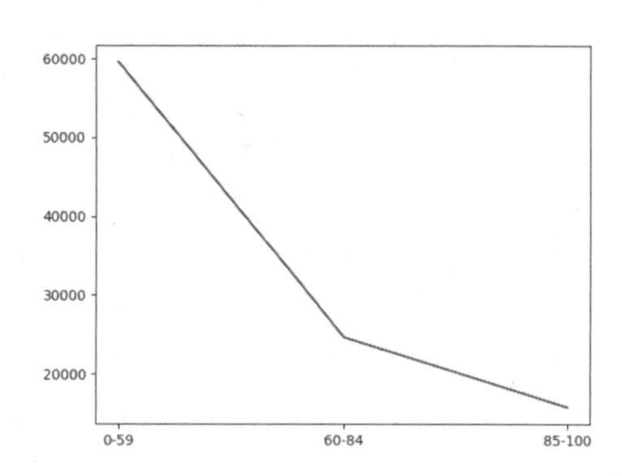

图 10–2 生成的分析图

方法 1：采用 map 和自定义函数 flag 的方法，其中 map 调用 flag 函数，flag 用于将数据转换成 0 和 1 的形式，在范围内的为 1，不在范围内的为 0，最后求和即为该范围内数据的个数之和。

方法 2：利用 between 方法直接统计指定范围内数的个数。

方法 3：利用列表的 count 方法统计指定数的个数。

方法 4：利用 map 和 lambda x: (x < area[i + 1] and x >= area[i]) 的方法，lambda 表达式产生 1 或 0，1 表示在指定范围内，0 表示不在范围内。

方法 5：利用 map 和偏函数 partial(f, nleft=area[i], nright=area[i + 1]), 其中偏函数调用 f

并传递参数，解决了 map 的第一个参数只能是函数名，不能传递参数的问题。

10.4.2　实际数据分析

下面将对某考试平台 3 次考试成绩的数据进行分析。数据量超过 10 万条，列数同前面的 cj.csv。

【例 10-4】演示实际的数据处理与分析。

```
import pandas as pd, numpy as np

df = pd.read_csv(r"d:\python\spks.csv", encoding="GBK")
df = df.dropna(axis=0, inplace=False)
print(df[["总分"]].describe())
```

扫一扫，看视频

结果如下：

```
              总分
count   129092.00
mean        53.32
std         21.74
min          0.00
25%         40.00
50%         56.00
75%         69.00
max        100.00
df1=df[["考点","总分"]].groupby("考点")
print(df1[["考点","总分"]].describe())
```

输出结果如下：

```
考点    count    ...    min    25%    50%    75%     max
104  11572.0    ...    0.0  47.00   60.0  71.00    99.0
105   9175.0    ...    0.0  54.00   65.0  76.00    99.0
107   7421.0    ...    0.0  45.00   57.0  69.00    99.0
109   7350.0    ...    0.0  49.00   65.0  77.00    98.0
110   8411.0    ...    0.0  41.00   56.0  70.00   100.0
..     ...      ...    ...    ...    ...    ...     ...
218    173.0    ...    0.0  25.00   39.0  52.00    89.0
219   4352.0    ...    0.0  26.00   38.0  50.00    97.0
222    882.0    ...    0.0  18.00   31.0  44.00    84.0
223    204.0    ...    0.0  16.00   23.0  36.50    77.0
224    835.0    ...    0.0  23.00   35.0  43.00    80.0
226     12.0    ...   16.0  22.25   25.0  29.00    36.0
228     76.0    ...    0.0  20.00   37.0  46.25    63.0
229    996.0    ...    0.0  19.00   29.0  40.00    91.0
230    333.0    ...    0.0   0.00   14.0  35.00    71.0
238   1133.0    ...    0.0  26.00   37.0  48.00    80.0
239    166.0    ...    0.0  26.00   36.5  50.00    87.0
```

因为考点代码的第一位代表学校层次，1 代表本科，2 代表高职高专，3 代表中职中专，下面的代码实现了按学校层次进行统计分析：

```
df2=df[:]
df2["考点"] = df2["考点"].map(lambda x:str(x)[0:1])
df3=df2[["考点","总分"]].groupby("考点")
print(df3[["考点","总分"]].describe())
```

输出结果如下：

```
考点   count     mean    std    min   25%    50%    75%    max
1    111925.0   56.09  20.57  0.0   44.0   59.0   71.0   100.0
2     16831.0   35.25  20.44  0.0   21.0   35.0   50.0    97.0
3       336.0   36.11  22.61  0.0   19.0   38.5   55.0    76.0
```

同样的方法可以处理课程的聚合统计：

```
df4=df[["课程","总分"]].groupby("课程")
print(df4[["课程","总分"]].describe())
```

输出结果如下：

```
课程   count     mean   std    min     25%    ...   min   25%    50%   75%    max
211  37900.0  211.0  0.0  211.0  211.0   ...   0.0  45.00  58.0  69.0   99.0
212   1750.0  212.0  0.0  212.0  212.0   ...   0.0  51.00  67.0  81.0  100.0
230    364.0  230.0  0.0  230.0  230.0   ...   0.0  17.75  29.0  44.0   93.0
240  57688.0  240.0  0.0  240.0  240.0   ...   0.0  39.00  56.0  70.0   99.0
252  25156.0  252.0  0.0  252.0  252.0   ...   0.0  40.00  55.0  68.0   98.0
253   4407.0  253.0  0.0  253.0  253.0   ...   0.0  26.00  44.0  60.0   90.0
260   1827.0  260.0  0.0  260.0  260.0   ...   0.0  25.00  42.0  60.0   96.0
```

本书以介绍 Python 语言为主，关于大数据的其他分析这里不再给出，请读者查阅资料，根据实际数据和应用需求设计分析处理的方案再具体实现。

10.4.3 统计分析

scipy 库中包含很多统计分析的函数。下面的案例用于分析成绩数据是否符合正态分布。

【例 10-5】正态分布检验。

假设有“成绩表 .xls”，工作表存放成绩，标题为“期末”，可能有多个类似的工作表。下面的程序将自动生成统计信息，并计算 Single Sample Kolmogorov-Smirnov 检验值（检验值 $p \geq 0.05$ 表示符合正态分布）。程序计算完成后直接在下方插入一个直方图。

扫一扫，看视频

```
# -*- coding:utf-8 -*-
import numpy as np, pandas as pd
import os, configparser
from scipy import stats
from openpyxl.chart import Reference, BarChart
from openpyxl import load_workbook
from openpyxl.styles import colors, Font

# 计算Single sample Kolmogorov-Smirnov
# Writed by yataoo
```

```
    syspath = os.getcwd() + "\\"
    config = configparser.ConfigParser()
    try:
        config.read(syspath + "kstest.txt")
        filename = config['system']['file']
        fieldname = config['system']['field']
    except:
        print("当前目录下没有发现配置文件kstest.txt,程序将采用默认文件名:成绩表.xlsx和
默认列名:期末")
        print("按任意键继续")
        filename = "成绩表.xlsx"
        fieldname = "期末"
        # os.system('pause')

    xlsxFileName = syspath + filename
    xlsxSaveFileName = syspath + "生成成绩表.xlsx"

    # 分数段起点列表
    area = [0, 60, 70, 80, 90, 101]
    arealenth = len(area)
    try:
        workbook = load_workbook(xlsxFileName)
    except:
        print("当前目录下没有发现:" + xlsxFileName)
        print("按任意键退出")
        # os.system('pause')
        exit()
    sheetlist = workbook.sheetnames

    # 遍历所有工作表,查找"期末"列,在该列右侧创建统计信息及图表
    for sheetname in sheetlist:
        sheet = workbook[sheetname]
        data = sheet.values  # data
        firstrow = list(next(data)[0:])
        try:
            n = firstrow.index(fieldname, 0) + 1
        except:
            n = 0
        if n != 0:
            cols = [r[n - 1] for r in data]
            number = len(cols)
            av = np.mean(cols, axis=0)
            dv = np.std(cols, axis=0, ddof=1)  # 标准差
```

```
            # 统计值
            total = []
            title = []
            # 统计
            df = pd.Series(cols)
            for i in range(arealenth - 1):
                total.append(df.between(area[i], area[i + 1] - 1).sum())
                title.append("%d~%d" % (area[i], area[i + 1] - 1))
            ls1 = ["总数", "平均分", "最高分", "最低分"]  # 统计项
            ls2 = [len(cols), av, max(cols), min(cols)]  # 数据
            for i in range(4):
                sheet.cell(row=i + 1, column=n + 1).value = ls1[i]
                sheet.cell(row=i + 1, column=n + 2).value = ls2[i]
            # 清空2行,准备存放ks数据,空一行
            for i in range(4):
                sheet.cell(row=5, column=n + i + 1).value = ""
                sheet.cell(row=6, column=n + i + 1).value = ""
            # 计算ks值
            for i in range(number):
                cols[i] = (cols[i] - av) / dv
            (d, p) = stats.kstest(cols, "norm", N=number - 1, mode="asymp")
            print(p)
            sheet.cell(row=5, column=n + 1).value = "Single Sample
Kolmogorov-Smirnov"
            sheet.cell(row=5, column=n + 2).value = p
            sheet.cell(row=5, column=n + 2).font = Font(color=colors.RED)
            # 分段统计数据
            for i in range(4):
                sheet.cell(row=7, column=n + i + 1).value = ["分段", "人数", "
百分比", "说明"][i]
            # 写单元格
            for i in range(len(area) - 1):
                sheet.cell(row=8 + i, column=n + 1).value = title[i]
                sheet.cell(row=8 + i, column=n + 2).value = total[i]
                ratio = "%.2f%%" % (100 * total[i] / number)
                sheet.cell(row=8 + i, column=n + 3).value = ratio
                sheet.cell(row=8 + i, column=n + 4).value = "%d 人,占%s" %
(total[i], ratio)
            # 插入图到Excel文档
            mes = "人数:%d\n最高分:%.1f\n最低分:%.1f\n平均分:%.2f\nks(2-tailed)
值:%.3f\n" % (number, ls2[2], ls2[3], av, p)
            sheet.cell(row=7, column=n + 2).value = mes
            dataY = Reference(sheet, min_col=n + 2, min_row=7, max_col=n + 2,
```

```
max_row=8 + arealenth - 2)
            dataX = Reference(sheet, min_col=n + 1, min_row=8, max_col=n + 1,
max_row=8 + arealenth - 2)
            chart = BarChart()  # 直方图
            chart.style = 7
            chart.height = 7
            chart.width = 12
            chart.y_axis.scaling.max = max(total)
            chart.y_axis.scaling.min = 0
            chart.title = '分段统计直方图'
            chart.add_data(dataY, titles_from_data=True, from_rows=False)
            chart.set_categories(dataX)
            sheet.add_chart(chart, chr(64 + n + 3) + str(8 + len(total) + 1))
    workbook.save(xlsxSaveFileName)
    workbook.close()
```

程序运行效果如图 10-3 所示。

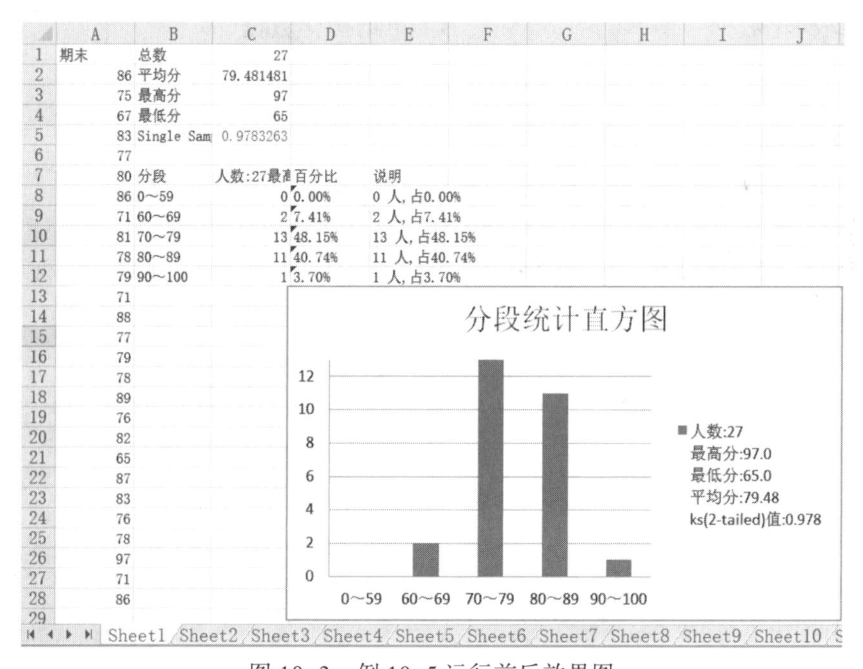

图 10-3　例 10-5 运行前后效果图

习题 10

一、单选题

1. 标记数组 Series 可以存储的数据类型包括 ________。

A）整型、字符串、浮点型、对象　B）文本和图片

C）二维数组　　　　　　　　　　D）文件

2. 以下程序的输出结果是 ________。

```
import pandas as pd,numpy as np
x=pd.Series(range(100))
print(x.values[97:100])
```

A）[98 99]　　　B）[98 99 100]　C）[97 98 99]　　D）[97 98 99 100]

3. Pandas 的 Data Frame 获取行数据中，________ 函数可用于获取后几行。

A）head( )　　　B）tail( )　　　C）loc[' ']　　　D）iloc[ ]

4. 下列关于大数据特点的描述，错误的是 ________。

A）通常表现为大量非结构化数据和半结构化数据

B）大数据一般依托云计算的分布式处理、分布式数据库

C）有海量的数据规模、快速的数据流转、多样的数据类型和价值密度高四大特征

D）需要特殊的技术处理，包括大规模并行处理数据库、数据挖掘、分布式文件系统等

5. 按照数据结构划分，大数据不包括 ________ 类数据。

A）结构化数据　　　　　　　　　B）半结构化数据

C）非结构化数据　　　　　　　　D）元数据

二、填空题

1.________ 包括大数据分析需要的各种工具和类库。

2. Pandas 中，________ 是一维标记数组，可以存储任意数据类型，如整型、字符串、浮点型和 Python 对象等，轴标一般指索引。________ 是二维标记数据结构，列可以是不同的数据类型。

3. 设有如下语句：

```
x=pd.Series(range(100))
print(x.values[:6])
```

则运行后输出 ____________。

4. 设有如下语句：

```
x={"a":{'1':1,'2':2,'3':3},"b":{'1':2,'2':4,'3':6},"c":{'1':3,'2':6,'3':9}}
y=pd.DataFrame(x)
y["d"]={'1':4,'2':8,'3':12}
print(y.tail(1))
```

则运行后输出 ____________。

5. 大数据分析的主要步骤有 ______________________________。

三、编程题

1. 随机产生 10000 个整数并存入到 csv 格式的文件中，读取文件并统计其中偶数的个数。

2. 读取 spks.csv 文件，分析其中课程为“240”的总分。

3. 读取 spks.csv 文件，重新计算 4 种题型的总分并分析结果。

第 11 章 线程与进程

扫一扫，看视频

◎ 了解线程进程的基本概念
◎ 理解和掌握多线程的基本技术
◎ 理解和掌握进程、进程池的基本技术

11.1 进程与线程的基本概念

11.1.1 定义

进程是具有一定独立功能的程序关于某个数据集合上的一次运行活动，进程是系统进行资源分配和调度的一个独立单位。线程是进程的一个实体，是 CPU 调度和分派的基本单位，它是比进程更小的能独立运行的基本单位。线程自己基本上不拥有系统资源，只拥有在运行中必不可少的一点资源，但是它可与同属一个进程的其他线程共享进程所拥有的全部资源。

11.1.2 关系

一个线程可以创建和撤销另一个线程，同一个进程中的多个线程之间可以并发执行。相对进程而言，线程是一个更加接近于执行体的概念，它可以与同进程中的其他线程共享数据，但拥有自己的栈空间，拥有独立的执行序列。

11.1.3 区别

进程和线程的主要差别在于它们是不同的操作系统资源的管理方式。进程有独立的地址空间，一个进程崩溃后，在保护模式下不会对其他进程产生影响，而线程只是一个进程中的不同执行路径。线程有自己的堆栈和局部变量，但线程之间没有单独的地址空间，一个线程死掉就等于整个进程死掉，所以多进程的程序要比多线程的程序健壮，但在进程切换时，资源耗费较大，效率要差一些。但对于一些要求同时进行并且又要共享某些变量的并发操作，只能用线程，不能用进程。

（1）一个程序至少有一个进程，一个进程至少有一个线程。

（2）线程的划分尺度小于进程，使得多线程程序的并发性高。

（3）进程在执行过程中拥有独立的内存单元，而多个线程共享内存，从而极大地提高了程序的运行效率。

（4）线程在执行过程中与进程是有区别的。每个独立的线程有一个程序运行的入口、顺序执行序列和程序的出口。但是线程不能够独立执行，必须依存在应用程序中，由应用程序提供多个线程执行控制。

（5）从逻辑角度来看，多线程的意义在于一个应用程序中有多个执行部分可以同时执行。但操作系统并没有将多个线程看作多个独立的应用，来实现进程的调度和管理以及资源分配。这就是进程和线程的重要区别。

（6）线程和进程在使用上各有优缺点。线程执行开销小，但不利于资源的管理和保护；而进程正相反。同时，线程适合于在 SMP 机器（对称多处理，Symmetrical Multi-Processing 技术，指在一个计算机上汇集了一组处理器）上运行，而进程则可以跨机器迁移。

11.2 Python 线程

Threading 用于提供线程相关的操作，线程是应用程序中工作的最小单元。

11.2.1 threading 模块

threading 模块建立在 thread 模块之上。

thread 模块以低级、原始的方式来处理和控制线程，而 threading 模块通过对 thread 进行二次封装，提供了更方便的 API 来处理线程。

【例 11-1】创建简单的线程。

```
# -*- coding: utf-8 -*-
#创建简单的线程
import threading
import time

def printthreading(num):
    time.sleep(1)
    print("线程%d" % num)
    return

for i in range(10):
    t = threading.Thread(target=printthreading, args=(i,), name="线程%d" % i)
    t.start()
```

扫一扫，看视频

程序运行两次的结果如下：

```
线程0
线程1
线程4
线程5
线程3
线程2
线程9
线程8
线程6
线程7
```

```
线程0
线程2
线程1
线程4
线程3
线程6
线程5
线程8
线程7
线程9
```

上述代码创建了 10 个线程，然后控制器就交给了 CPU，CPU 根据指定算法进行调度，分片执行指令，注意两次运行的进程序号是不一样的。

表 11-1 列出了 Thread 的方法及说明。

表 11-1　thread 方法

名称	说明
start()	激活线程
getName()	获取线程的名称
setName()	设置线程的名称
name	获取或设置线程的名称
is_alive()	判断线程是否为激活状态
isAlive()	判断线程是否为激活状态
setDaemon()	设置为后台线程或前台线程（默认为 False）
isDaemon()	判断是否为守护线程
ident	获取线程的标识符
join()	逐个执行每个线程，执行完毕后继续往下执行，该方法使得多线程变得无意义
run()	线程被 CPU 调度后自动执行线程对象的 run 方法

setDaemon() 通过一个布尔值设置线程是否为守护线程，必须在执行 start() 方法之后才可以使用。如果是后台线程，主线程执行过程中，后台线程也在进行，主线程执行完毕后，后台线程不论成功与否均停止；如果是前台线程，主线程执行过程中，前台线程也在进行，主线程执行完毕后，等待前台线程也执行完成后，程序停止。

线程标识符 ident 是一个非零整数，只有在调用了 start() 方法之后该属性才有效，否则它只返回 None。

11.2.2　线程锁 threading.RLock 和 threading.Lock

线程锁可以申请锁定当前线程，直至线程结束后才调用其他线程。

线程之间是进行随机调度的，每个线程执行过程中，CPU 可能会执行其他线程。下面的演示程序可以看出线程锁对多个线程执行的影响。

【例 11-2】演示线程锁。

扫一扫，看视频

```
import threading
import time

lock = threading.RLock()

def printnumber1(gNumber):
    time.sleep(1)
    print(gNumber)

def printnumber2(gNumber):
    lock.acquire()
    time.sleep(1)
    print(gNumber)
```

```
        lock.release()

    for i in range(5):
        t = threading.Thread(target=printnumber1, args=(i,))
        t.start()

    time.sleep(1)

    for j in range(5):
        t = threading.Thread(target=printnumber2, args=(j,))
        t.start()
```

运行结果如下：

```
1
0
3
4
2
0
1
2
3
4
```

注意：前 5 行不是顺序的，后 5 行是按序输出的。

printnumber1 线程没有加锁，5 个线程的运行不是按循环顺序的。

printnumber2 线程每次执行时都申请线程锁，执行完成后解锁，程序再执行下一个线程。线程锁解决了数据的一致性问题。

上面程序中 lock = threading.RLock() 改成 lock = threading.Lock() 也是一样的。Rlock 和 Lock 是有区别的，具体如下：

RLock 允许在同一线程中被多次 acquire。而 Lock 却不允许这种情况。如果使用 RLock，那么 acquire 和 release 必须成对出现，即调用了 n 次 acquire，必须调用 n 次的 release 才能真正释放所占用的锁。例如下面的代码：

```
import threading
lock = threading.Lock()
lock.acquire()
lock.acquire()      #产生了死锁
lock.release()
lock.release()
import threading
rLock = threading.RLock()
rLock.acquire()
rLock.acquire()      #在同一线程内,程序不会堵塞
rLock.release()
```

```
rLock.release()
```

11.2.3 threading.Event

Python 线程的事件 threading.Event 用于主线程控制其他线程的执行。

事件主要提供了三个方法：set、wait、clear。

事件处理的机制：全局定义了一个标志 Flag。如果 Flag 值为 False，那么当程序执行 event.wait 方法时就会阻塞；如果 Flag 值为 True，那么执行 event.wait 方法时便不再阻塞。

- clear：将 Flag 设置为 False。
- set：将 Flag 设置为 True。
- isSet()：判断 Flag 是否为 Ture。

【例 11-3】演示线程事件。

扫一扫，看视频

```
import threading

def do(event):
    print("1",event.isSet())
    event.wait()
    print("2",event.isSet())

event_obj = threading.Event()
for i in range(3):
    t = threading.Thread(target=do, args=(event_obj,))
    t.start()

event_obj.clear()

c = input('输入字符ok继续:')
if c == 'ok':
    event_obj.set()
```

运行结果如下：

```
1 False
1 False
1 False
输入字符ok继续:ok
2 True
2 True
2 True
```

程序运行时在 event_obj.clear() 后阻塞，输入 ok 后，event_obj.set() 将 Flag 设置为 True，线程继续，直至完成。线程的阻塞状态提供了本地和远程的并发性。

11.2.4 threading.Condition

1. condition 变量

condition 变量可以使用默认情况或重新创建一个，其总是与某些类型的锁相联系。conditon 对象包含锁，几个 condition 变量可以共享同一个锁。

condition 变量服从上下文管理协议，with 语句块封闭之前可以获取与锁的联系。acquire() 和 release() 会调用与锁相关联的相应的方法。

其他和锁关联的方法必须被调用，wait() 方法会释放锁，当另外一个线程使用 notify() 或 notify_all() 唤醒它之前会一直阻塞。一旦被唤醒，wait() 会重新获得锁并返回。

2. Condition 类

Condition 类实现了一个 condition 变量。condition 变量允许一个或多个线程等待，直到它们被另一个线程通知。如果 lock 参数被给定一个非空的值，其必须是一个 Lock 或者 RLock 对象，它用来做底层锁，否则会创建一个新的 RLock 对象，用来做底层锁。

- wait(timeout=None) 等待通知或者等到设定的超时时间。当调用 wait() 方法时，如果调用它的线程没有得到锁时，会抛出一个 RuntimeError 异常。 wait () 释放锁以后，在被调用相同条件的另一个进程时，用 notify() or notify_all() 叫醒之前会一直阻塞。wait() 可以指定一个超时时间。
- notify() 如果有等待的线程，notify() 方法会唤醒一个在等待 condition 变量的线程。
- notify_all() 如果有等待的线程，notify_all() 会唤醒所有在等待 condition 变量的线程。

注意：notify() 和 notify_all() 不会释放锁，即线程被唤醒后不会立刻返回它们的 wait() 调用。除非线程调用 notify() 和 notify_all() 之后放弃了锁的所有权。

通常情况下，设计程序时可以利用 condition 变量的锁去通知访问线程一些共享状态，线程在获取到它想得到的状态前会反复调用 wait()。修改状态的线程在状态改变时调用 notify() 或 notify_all()，用这种方式，线程会尽可能地获取到想要的一个等待者状态。

【例 11-4】演示 condition 变量的使用。

扫一扫，看视频

```
import threading
import time

def consumer(cond):
    with cond:
        print(cond, "before wait")
        cond.wait()
        print(cond, "after wait")

def producer(cond):
    with cond:
        print(cond, "before notifyAll")
        cond.notifyAll()
        print(cond, "after notifyAll")
```

```
    condition = threading.Condition()
    c1 = threading.Thread(target=consumer, args=(condition,))
    c2 = threading.Thread(target=consumer, args=(condition,))

    p = threading.Thread(target=producer, args=(condition,))

    c1.start()
    time.sleep(1)
    c2.start()
    time.sleep(1)
    p.start()
```

运行结果如下：

```
    <Condition(<locked _thread.RLock object owner=12112 count=1 at 0x02215098>, 0)> before wait
    <Condition(<locked _thread.RLock object owner=11440 count=1 at 0x02215098>, 1)> before wait
    <Condition(<locked _thread.RLock object owner=10980 count=1 at 0x02215098>, 2)> before notifyAll
    <Condition(<locked _thread.RLock object owner=10980 count=1 at 0x02215098>, 0)> after notifyAll
    <Condition(<locked _thread.RLock object owner=11440 count=1 at 0x02215098>, 0)> after wait
    <Condition(<locked _thread.RLock object owner=12112 count=1 at 0x02215098>, 0)> after wait
```

程序中调用 producer 线程时，notify_all() 唤醒前面两个 consumer 线程，执行 wait() 后的语句。注意“after notifyAll”输出在“after wait”之前。

11.2.5　queue 模块

队列是一种典型的数据结构，具体请查阅数据结构课程的相关知识。

Python 的 queue 模块有 4 种队列及构造函数：

- 先进先出队列：class queue.queue(maxsize)。
- 类似于堆的队列，即先进后出：class queue.Lifoqueue(maxsize)。
- 优先级队列，级别越低越先出来：class queue.Priorityqueue(maxsize)。
- 双端队列，class queue.deque ()。

其包含以下方法：

- Put：存数据。
- get：取数据。
- empty：判断队列是否为空。
- qsize：显示队列中真实存在的元素长度。
- maxsize：最大支持队列长度。
- join：等到队列为空，该行语句下面的语句才会执行。

- full：检查队列是否已满。

下面的案例演示了这几种队列的使用方法。

【例 11-5】演示队列的使用。

```
import queue

print("先进先出队列")
q = queue.Queue(3)
q.put(1)
q.put(2)
q.put(3)

print(q.get(), q.get(), q.get())

print("先进后出队列")
q = queue.LifoQueue(3)
q.put(1)
q.put(2)
q.put(3)

print(q.get(), q.get(), q.get())

print("优先级队列")
q = queue.PriorityQueue(3)
q.put((3, 1))
q.put((2, 2))
q.put((1, 3))
print(q.get(), q.get(), q.get())

print("双端队列")
q = queue.deque()
q.append(1)
q.append(2)
q.append(3)
q.appendleft(4)
q.insert(2, 5)
print(q.pop(), q.pop(), q.pop(), q.pop(), q.pop())
```

扫一扫，看视频

运行结果如下：

```
先进先出队列
1 2 3
先进后出队列
3 2 1
优先级队列
```

```
(1, 3) (2, 2) (3, 1)
双端队列
3 2 5 1 4
```

11.3 Python 进程

正在执行中的程序称为进程。

进程的执行会占用内存等资源。多个进程同时执行时，每个进程的执行都需要由操作系统按一定的算法（RR 调度、优先数调度算法等）分配内存空间。

并行：在多核系统中，每个 CPU 执行一个进程，可以理解为 CPU 的数大于进程数，所有进程同时进行。

并发：在操作系统中同时执行多个进程，可以理解为 CPU 的数小于进程数，有些进程会没有机会执行。

二者的区别在于：并行指两个或多个程序在同一时刻执行；并发指两个或多个程序在同一时间间隔内发生，可以理解为在表面上看是同时进行的，但在同一时刻只有少于程序总数的程序在执行，计算机利用自己的调度算法让这些程序分时交叉执行，由于交换时间非常短暂，宏观上就像是在同时进行一样。

Multiprocessing 模块是 Python 实现多进程的管理包，和 threading.Thread 类似。下面介绍其用法。

11.3.1　multiprocessing 模块

直接从侧面用 subprocesses 替换进程使用 GIL 的方式，由于这一点，multiprocessing 模块可以让程序员在给定的机器上充分地利用 CPU。在 multiprocessing 中，通过创建 Process 对象生成进程，然后调用它的 start() 方法。

```
from multiprocessing import  Process

def func(name):
    print('Hello', name)

if __name__ == "__main__":
    p = Process(target=func,args=('Python',))
    p.start()
    p.join()  # 等待进程执行完毕
```

在使用并发设计时最好尽可能地避免共享数据，尤其是在使用多进程的时候。 如果需要共享数据，multiprocessing 提供了两种方式。

1. Array,Value

数据可以用 Value 或 Array 存储在一个共享内存地图里，如例 11-6 所示。

【例 11-6】演示用 Array,Value 存储共享数据

扫一扫，看视频

```
from multiprocessing import Array, Value, Process

def f(fd, fa,flist):
```

```
    fd.value = 3.1415926
    for i in range(len(fa)):
        fa[i] = fa[i]+10
    del flist[0]
    flist.insert(0,9)
    print(flist)

if __name__ == "__main__":
    md = Value('d', 0.0)
    ma = Array('i', range(3)) #0,1,2
    mlist = [10, 20, 30]

    c = Process(target=f, args=(md, ma,mlist))
    d = Process(target=f, args=(md, ma,mlist))
    c.start()
    d.start()
    c.join()
    d.join()

    print(md.value)
    for j in ma:
        print(j)
    print(mlist)
```

输出结果如下：

```
[9, 20, 30]
[9, 20, 30]
3.1415926
20
21
22
[10, 20, 30]
```

程序中 Value 和 Array 数据被修改了，列表数据修改后，返回后的输出没有变化。

2. Manager()

由 Manager() 返回的 manager 提供 list、dict、Namespace、Lock、RLock、Semaphore、BoundedSemaphore、Condition、Event、Barrier、Queue、Value 和 Array 类型的支持。

【例 11-7】演示用 manager 存储共享数据。

```
from multiprocessing import Process, Array, Manager


def f(fdictionary, flist, farray):
    fdictionary["学号"] = "2018201203245"
    fdictionary["姓名"] = "王晓兰"
```

扫一扫，看视频

```
    fdictionary["年龄"] = 19
    flist.reverse()
    for i in range(len(farray)):
        farray[i] = farray[i] + 10

if __name__ == "__main__":
    with Manager() as man:
        mdictionary = man.dict()
        mlist = man.list(range(5))
        marray = Array('i', range(5))

        p = Process(target=f, args=(mdictionary, mlist, marray))
        p.start()
        p.join()

        print(mdictionary)
        print(mlist)
        for j in marray:
            print("%3d" %(j),end='')
```

输出结果如下：

```
{'学号': '2018201203245', '姓名': '王晓兰', '年龄': 19}
[4, 3, 2, 1, 0]
 10 11 12 13 14
```

从结果可以看出，程序中的集中数据类型的值都被进程修改。

11.3.2　进程池（Pool）

Pool 类描述了一个工作进程池，可以用几种不同方法让任务卸载工作进程。

进程池内部维护一个进程序列，当使用时，则去进程池中获取一个进程，如果进程池序列中没有可供使用的进程，程序就会等待，直到进程池中有可用进程为止。

可以用 Pool 类创建一个进程池，展开提交的任务给进程池。

【例 11-8】演示进程池。

扫一扫，看视频

```
# -*- coding: utf-8 -*-
#演示进程池
from multiprocessing import Pool
import time

def f0(i):
    time.sleep(0.5)
    print("apply f0:", i)
    return i + 100

def f1(i):
```

```
        time.sleep(0.5)
        print("apply_async f1:",i)
        return i + 100

    def f2(arg):
        print("apply_async f2:",arg)

    print("*",end='')

    if __name__ == "__main__":
        pool = Pool(10)
        for i in range(1, 3):
            pool.apply(func=f0, args=(i,))

        for i in range(4, 6):
            pool.apply_async(func=f1, args=(i,), callback=f2)
        pool.close()
        pool.join()
    print("?",end='')
```

输出结果如下：

```
*?apply f0: 1
*?apply f0: 2
*?apply_async f1: 5
*?apply_async f1: 4
*apply_async f2: 105
apply_async f2: 104
*?*?*?*?*?*??
```

如果把程序中的 f0 改成 f1，运行结果变成：

```
*?apply_async f1: 1
*?apply_async f1: 2
*?apply_async f1: 5
*?apply_async f1: 4
*apply_async f2: 105
apply_async f2: 104
*?*?*?*?*?*??
```

一个进程池对象可以控制工作进程池的哪些工作可以被提交，它支持超时和回调的异步结果，有一个类似 map 的实现。

- processes：使用的工作进程的数量。如果 processes 是 None，则使用 os.cpu_count() 返回的数量。
- initializer：如果 initializer 是 None，则每一个工作进程在开始的时候会调用 initializer(*initargs)。

- maxtasksperchild：工作进程退出之前可以完成的任务数，完成后用一个新的工作进程来替代原进程，让闲置的资源被释放。maxtasksperchild 默认是 None，意味着只要 Pool 存在，工作进程就会一直存活。
- context: 用于指定工作进程启动时的上下文，一般使用 multiprocessing.Pool() 或者一个 context 对象的 Pool() 方法来创建一个池，两种方法都适当地设置了 context。

注意：pool 对象的方法只可以被创建 pool 的进程调用。

进程池的方法：

- apply(func[, args[, kwds]])：使用 args 和 kwds 参数调用 func 函数，结果返回前会一直阻塞，其中 func 函数仅被 pool 中的一个进程运行。
- apply_async(func[, args[, kwds[, callback[, error_callback]]]])：apply() 方法的一个变体，会返回一个结果对象。如果 callback 被指定，那么 callback 可以接收一个参数然后被调用。当结果准备好回调时会调用 callback，调用失败时，则用 error_callback 替换 callback。callbacks 应被立即完成，否则处理结果的线程会被阻塞。
- close()：阻止更多的任务提交到进程池，待任务完成后，工作进程会退出。
- terminate()：不管任务是否完成，立即停止工作进程。在对 pool 对象进程垃圾回收的时候，会立即调用 terminate()。
- join()：等待工作线程的退出，在调用 join() 前，必须调用 close() 或 terminate()。这是因为被终止的进程需要被父进程调用 wait（join 等价于 wait），否则进程会成为僵尸进程。

其他方法在此省略。

*11.4　Python 协程

线程和进程的操作是由程序触发系统接口，最后的执行者是系统；协程的操作者是程序员。

协程存在的意义：对于多线程应用，CPU 通过切片的方式来切换线程间的执行，线程切换时需要耗时（保存状态，下次继续）。协程则只使用一个线程，在一个线程中规定某个代码块的执行顺序。

协程的适用场景：当程序中存在大量不需要 CPU 的操作时（IO），适合用协程。

event loop 是协程执行的控制点，如果希望执行协程，就要用到它们。

event loop 具有如下特性：

- 注册、执行、取消延时调用 (异步函数)。
- 创建用于通信的 client 和 server 协议 (工具)。
- 创建和别的程序通信的子进程和协议 (工具)。
- 把函数调用送入线程池中。

【例 11-9】演示协程。

```
import asyncio


async def asy1():
    print("asy1 start")
    await asy2()
```

扫一扫，看视频

```
        await asy3()
        print("asy3 end")
        print("asy2 end")
        print("asy1 end")

async def asy2():
    print("asy2 start")

async def asy3():
    print("asy3 start")

loop = asyncio.get_event_loop()
loop.run_until_complete(asy1())
loop.close()
```

运行结果如下：

```
asy1 start
asy2 start
asy3 start
asy3 end
asy2 end
asy1 end
```

程序中：

- asyncio.get_event_loop()：asyncio 启动默认的 event loop。
- run_until_complete()：这个函数是阻塞执行的，直到所有的异步函数执行完成。
- close()：关闭 event loop。

习题 11

一、单选题

1. 关于进程和线程，下列说法错误的是 ________。
   A）进程是具有一定独立功能的程序关于某个数据集合上的一次运行活动
   B）进程是系统进行资源分配和调度的一个独立单位
   C）进程是线程的一个实体
   D）线程是 CPU 调度和分派的基本单位
2. 进程与线程的区别有 ________。
   A）一个程序至少有一个线程，一个线程至少有一个进程
   B）线程的划分尺度大于进程，使得多线程程序的并发性高
   C）进程在执行过程中拥有独立的内存单元，而多个线程共享内存，从而极大地提高了程序的运行效率
   D）线程执行开销比进程大，不利于资源的管理和保护

3. Python 中使用线程需引入的模块是 ________。

A）threading　B）thread　C）time　D）numpy

4. 关于 Python 中使用线程常用的函数，下列描述正确的是 ________。

A）start( ) 创建新线程

B）is_alive() 获取线程的标识符

C）set Name() 获取线程状态

D）run() 线程被 CPU 调度后自动执行线程对象的 run 方法

5. 关于 threading.condition，下列说法错误的是 ________。

A）condition 变量可以使用默认情况或重新创建一个，但与锁无关，需另外创建锁

B）conditon 对象包含锁，几个 condition 变量可以共享同一个锁

C）conditiaon 变量允许一个或多个线程等待，直到它们被另一个线程通知

D）notify() 方法会唤醒一个在等待 conditon 变量的线程

6. Python 的 queue 模块不包含 ________。

A）先进先出队列　B）先进后出队列

C）随机队列　D）双端队列

7. 关于进程的描述，错误的是 ________。

A）进程并行指两个或多个程序在同一时刻执行

B）进程并发指两个或多个程序在同一时间间隔内发生

C）multiprocessing 是 python 实现多进程的管理包

D）并发一定比并行执行速度要快

8. 关于协程，下列说法错误的是 ________。

A）协程的操作者是程序员

B）协程只使用一个线程，在一个线程中规定某个代码块的执行顺序

C）当程序中存在大量不需要 CPU 的操作时（IO），适合用协程

D）协程唯一需要的开销就是线程上下文切换的开销

9. 使用协程需要引入的包是 ________。

A）asyncio　B）threading

C）multiprocessing　D）pool

10. 协程的常用函数包括 ________。

A）apply_async( )　B）apply( )

C）get_event_loop( )　D）qsize( )

二、填空题

1.________ 基本上不拥有系统资源，只拥有在运行中必不可少的一点资源。

2.________ 有独立的地址空间，其崩溃后，在保护模式下不会对其他 ________ 产生影响。

3. 一个程序至少有一个 ________，一个进程至少有一个 ________。

4. 多个 ________ 共享内存，从而极大地提高了程序的运行效率。

5. Python 线程的事件 ____________ 用于主线程控制其他线程的执行。

6. 如果有等待的线程，________ 方法会唤醒一个在等待 conditon 变量的线程。

7. Python 的 queue 模块有 4 种队列，分别是 ________、________、________、________。

三、编程题

1. 编写程序实现多线程，每个线程均输出“*”。

2. 编写程序利用 Python 的 queue 模块创建一个先进后出的队列，将 [2,0,1,8,7,9] 存到队列中并输出。

第 12 章　数据库编程

扫一扫，看视频

学习目标

◎ 了解和掌握 MySQL 数据库的基本使用方法
◎ 了解和掌握 Access 数据库的基本使用方法
◎ 了解其他数据库的使用方法

12.1　概述

Python 的标准数据库接口为 Python DB-API。Python DB-API 为开发人员提供了数据库应用的编程接口。

Python 数据库接口支持非常多的数据库，如 MySQL、Microsoft SQL Server 2000、Oracle、Sybase，等等。

不同的数据库需要下载不同的 DB API 模块，例如访问 SQL Server 数据库和 Mysql 数据，需要下载 SQL Server 和 MySQL 数据库模块。

DB-API 是一个规范，它定义了一系列必需的对象和数据库存取方式，以便为各种各样的底层数据库系统和多种多样的数据库接口程序提供一致的访问接口 。

Python 的 DB-API 为大多数的数据库实现了接口，用它连接各数据库后，就可以用相同的方式操作各数据库。

Python DB-API 使用流程如下：

- 引入 API 模块
- 获取与数据库的连接
- 执行 SQL 语句和存储过程
- 关闭数据库连接

12.2　MySQL

12.2.1　PyMySQL

PyMySQL 是 Python 连接 Mysql 数据库的接口。Pycharm 中可以直接在设置中添加 pymysql 库，程序中用 import pymysql 导入即可。

PyMysql 目前支持 Python 3.X，向前不兼容。目前很多教材以 Python 2.X 为主，大部分用的是 MySQLdb 库，二者在使用上非常相似。

本节演示用的数据库为 student，数据库包含表：student、teacher、score、course。

表结构及样例内容如图 12-1 至图 12-8 所示。

名	类型	长度	小数点	允许空值 (	
sid	int	11	0	☐	🔑1
name	varchar	20	0	☑	
sex	varchar	1	0	☑	
class	varchar	20	0	☑	

图 12-1　Student 表的结构

sid	name	sex	class
1001	王萍	女	软件工程
1002	李明	男	软件工程
1003	顾于	女	软件工程
2001	张胜	男	计算机科学
2002	宋佳	男	计算机科学
2003	谢芳	女	计算机科学

图 12-2　Student 表的记录

名	类型	长度	小数点	允许空值 (	
tid	int	11	0	☐	🔑1
name	varchar	20	0	☑	
sex	varchar	1	0	☑	
cid	int	11	0	☑	

图 12-3　Teacher 表的结构

tid	name	sex	cid
1001	王迅	男	1001
1002	汪惠	女	1002
1003	赵强	男	1003
1004	孙超	男	1003

图 12-4　Teacher 表的记录

名	类型	长度	小数点	允许空值 (	
id	int	11	0	☐	🔑1
sid	int	11	0	☑	
c	int	11	0	☑	
python	int	11	0	☑	
total	int	11	0	☑	

图 12-5　Score 表的结构

id	sid	c	python	total
1	1001	80	90	170
2	1002	90	95	185
3	2001	85	88	173
4	2002	90	100	190
5	1003	55	60	115
6	1004	80	50	130
7	2003	100	90	190

图 12-6　Score 表的记录

名	类型	长度	小数点	允许空值 (	
cid	int	11	0	☐	🔑1
name	varchar	255	0	☑	

图 12-7　Course 表的结构

cid	name
1001	c
1002	python
1003	java
1004	vb
1005	go
1006	c#
1007	php

图 12-8　Course 表的记录

12.2.2 数据库基本操作

连接数据库 student 使用的用户名为 "root"，密码为 "12356"。也可以自己设定或者直接使用 root 用户名及其密码。Mysql 数据库用户授权请使用 Grant 命令。

【例 12-1】演示 MySQL 连接。

```
import pymysql

db = pymysql.connect("localhost", "root", "123456", "student")  # 打开数据库连接
cursor = db.cursor()  # 获取操作游标
cursor.execute("SELECT VERSION()")  # 使用execute方法执行SQL语句
data = cursor.fetchone()  # 使用 fetchone() 方法获取一条数据
print("Database version : %s " % data)
db.close()  # 关闭数据库连接
```

扫一扫，看视频

程序运行结果如下：

```
Database version : 5.5.46
```

程序中发布 SQL 命令的语句是：

```
cursor.execute("SELECT VERSION()")
```

例如下面的语句：

```
#删除已存在的表
cursor.execute("DROP TABLE IF EXISTS score")
#创建数据表
sql="""CREATE TABLE student(sid int,name varchar(20),sex
varchar(10),class varchar(20))
cursor.execute(sql)
#插入记录
sql = """INSERT INTO student(sid,name,sex,class) VALUES ('1004','吴云','女','
软件工程')"""
try:
  cursor.execute(sql)
db.commit()
except:
db.rollback()
```

也可以写成：

```
sql = "INSERT INTO student(sid,name,sex,class) VALUES ('%s', '%s', '%s',
'%s')" % ('1004', '吴云', '女', '软件工程')
```

使用变量也可以完成上面的操作：

```
sid='1004'
name='吴云'
sex= '女'
class= '软件工程'
cursor.execute("INSERT INTO student(sid,name,sex,class) VALUES
('%s','%s','%s','%s')" \
% (sid,name,sex,class))
```

12.2.3 数据库查询操作

Python 查询 Mysql 使用 fetchone() 方法获取单条数据，使用 fetchall() 方法获取多条数据。

- fetchone(): 该方法获取下一个查询结果集。结果集是一个对象。
- fetchall(): 接收全部的返回结果行。
- rowcount: 这是一个只读属性，并返回执行 execute() 方法后影响的行数。

【例 12-2】查询 student 和 score 表中 Python 成绩大于等于 60 分的所有数据，要求显示学生的姓名 (name)、性别 (sex)、班级 (class) 和 Python 成绩。

扫一扫，看视频

```
import pymysql

# 打开数据库连接
db = pymysql.connect("localhost", "root", "123456",
"student")

# 获取操作游标
cursor = db.cursor()

# 查询语句
sql = "SELECT student.name,student.sex,student.class ,score.python \
FROM student,score \
where student.sid=score.sid and score.python>=60"
try:
    # 执行SQL语句
    cursor.execute(sql)
    # 获取所有记录列表
    results = cursor.fetchall()
    for record in results:
        for j in range(len(record)):
            print(record[j], "\t", end='')
        print("")
except:
    print("未能获取MySQL数据")

# 关闭数据库连接
db.close()
```

程序运行结果如下：

```
王萍    女    软件工程      90
李明    男    软件工程      95
顾于    女    软件工程      60
张胜    男    计算机科学    88
宋佳    男    计算机科学    100
谢芳    女    计算机科学    90
```

12.2.4 数据库更新操作

更新操作用于更新数据表的数据。

【例12-3】计算 score 表中 C 和 Python 两门课程的总分。

```
import pymysql

# 打开数据库连接
db = pymysql.connect("localhost", "root", "123456", "student")

# 获取操作游标
cursor = db.cursor()

# 更新语句
sql = "UPDATE score SET total=c+python"
try:
    # 执行SQL语句
    cursor.execute(sql)
    db.commit()
except:
    db.rollback()

sql = "SELECT student.name,student.sex,student.class ,score.total \
FROM student,score \
where student.sid=score.sid"
try:
    # 执行SQL语句
    cursor.execute(sql)
    # 获取所有记录列表
    results = cursor.fetchall()
    for record in results:
        for j in range(len(record)):
            print(record[j], "\t", end='')
        print("")
except:
    print("未能获取MySQL数据")

# 关闭数据库连接
db.close()
```

扫一扫，看视频

程序运行结果如下：

```
王萍  女  软件工程    170
李明  男  软件工程    185
顾于  女  软件工程    115
张胜  男  计算机科学  173
```

```
宋佳   男   计算机科学   190
谢芳   女   计算机科学   190
```

12.2.5 插入和删除操作

插入操作用于增加数据表中的数据。删除操作用于删除数据表中的数据。

【例 12-4】在 teacher 表中插入一条记录并删除，要求插入记录的课程 id(cid) 不在课程表 course 中。

扫一扫，看视频

```
import pymysql

# 打开数据库连接
db = pymysql.connect("localhost", "root", "123456",
"student")

# 获取操作游标
cursor = db.cursor()
# 插入数据
sql = "INSERT INTO teacher(tid,name,sex,cid) VALUES(1005,'未知名','男',2018)"
try:
    # 执行SQL语句
    cursor.execute(sql)
    db.commit()
except:
    db.rollback()
sql = "DELETE from teacher \
where cid not in (select cid from course)"
try:
    # 执行SQL语句
    cursor.execute(sql)
    db.commit()
except:
    db.rollback()
sql = "SELECT * from teacher"
try:
    # 执行SQL语句
    cursor.execute(sql)
    # 获取所有记录列表
    results = cursor.fetchall()
    for record in results:
        for j in range(len(record)):
            print(record[j], "\t", end='')
        print("")
except:
    print("未能获取MySQL数据")
```

```
# 关闭数据库连接
db.close()
```

运行结果如下：

```
1001  王迅  男  1001
1002  汪惠  女  1002
1003  赵强  男  1003
1004  孙超  男  1003
```

读者也可以自行在 teacher 表中添加记录并设置该记录的 cid，如果不在 course 表中，运行程序后将被一同删除。

12.3 Access

为了读者学习方便，本节使用的数据库 student.mdb 从 MySQL 的 student 库导出，作者在 Navicat MySQL 导出。导出界面如 12-9 所示。

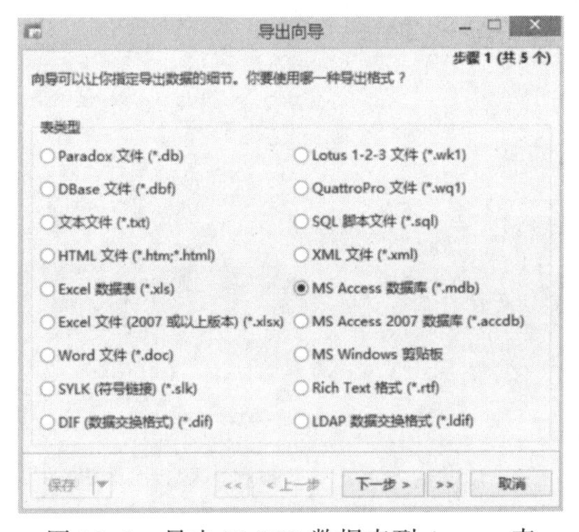

图 12-9　导出 MySQL 数据表到 Access 表

导出位置选择 D:\Python，导出的数据库名称为“student.mdb”。

12.3.1 win32.client

可以利用 win32.client 模块的 COM 组件访问功能，通过 ADODB 操作 Access 文件。

【例 12-5】演示用 win32.client 模块的 COM 组件访问和操作 Access 文件。

```
import win32com.client

conn = win32com.client.Dispatch(r"ADODB.Connection")
DSN = r"PROVIDER = Microsoft.Jet.OLEDB.4.0;DATA SOURCE = 'd:\\python\\student.mdb'"
conn.Open(DSN)
rs = win32com.client.Dispatch(r'ADODB.Recordset')
table_name = 'student'
rs.Open("["+table_name+"]", conn,1,3)
```

扫一扫，看视频

```
# 删除
try:
    sql = "Delete * FROM " + table_name + " where name='凡人'"
    conn.Execute(sql)
except:
    print("删除数据失败")

rs.AddNew()
rs.Fields.Item(0).Value = 1201
rs.Fields.Item(1).Value = "凡人"
rs.Fields.Item(2).Value = "男"
rs.Fields.Item(3).Value = "计算机科学"
rs.Update()

# 增加
try:
     sql = "INSERT INTO " + table_name + "(sid,name,sex,class) Values(1202,'凡
人','女', '计算机科学')"
# sql语句
    conn.Execute(sql)  # 执行sql语句
except:
    print("插入数据失败")

# 修改更新
try:
    sql = "Update " + table_name + " Set class = '软件工程' where sid = 1201"
    conn.Execute(sql)
except:
    print("修改数据失败")
rs.close
rs.Open("["+table_name+"]", conn,1,3)
rs.MoveFirst()  # 光标移到首条记录
while True:
    if rs.EOF:
        break
    else:
        for i in range(rs.Fields.Count):
            print(rs.Fields[i].Value,"\t",end='')
    print("")
    rs.MoveNext()
conn.Close()
```

运行结果如下：

```
1001  王萍  女  软件工程
1002  李明  男  软件工程
1003  顾于  女  软件工程
2001  张胜  男  计算机科学
2002  宋佳  男  计算机科学
2003  谢芳  女  计算机科学
1201  凡人  男  软件工程
1202  凡人  女  计算机科学
```

12.3.2　pypyodbc 模块

如果要使用 pypyodbc 模块，需要预先导入。在 Setting 界面中加入 pypyodbc 模块，如图 12-10 所示。

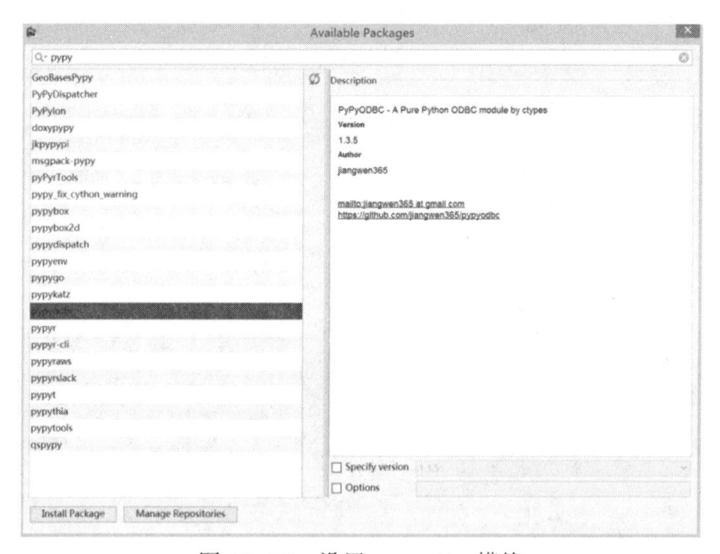

图 12-10　设置 pypyodbc 模块

单击 Install Package 按钮，完成安装后即可导入该模块了。

下面的案例实现的功能和例 12-5 类似。

【例 12-6】用 pypyodbc 模块访问 Access 数据库。

```
import pypyodbc

database_name = "d:\\python\\student.mdb"
table_name = "student"
password = ""
username=""

# 连接
connectstring = "Driver={Microsoft Access Driver (*.mdb,*.accdb)}; \
UID="+username+";PWD=" + password + ";DBQ=" + database_name
conn = pypyodbc.win_connect_mdb(connectstring)
AccessCursor = conn.cursor()
```

扫一扫，看视频

```
    # 删除
    try:
        sql = "Delete * FROM " + table_name + " where name='凡人'"
        AccessCursor.execute(sql)
        AccessCursor.commit()
    except:
        print("删除数据失败")

    # 增加
    try:
        sql = "INSERT INTO " + table_name + "(sid,name,sex,class) Values(1201,'凡
人','女', '计算机科学')"  # sql语句
        AccessCursor.execute(sql)  # 执行sql语句
        AccessCursor.commit()
    except:
        print("插入数据失败")

    # 增加
    try:
          sql = "INSERT INTO " + table_name + "(sid,name,sex,class)
Values(1202,'凡人','男', '计算机科学')"  # sql语句
        AccessCursor.execute(sql)  # 执行sql语句
        AccessCursor.commit()
    except:
        print("插入数据失败")

    # 修改
    try:
        sql = "Update " + table_name + " Set class = '软件工程' where sid = 1201"
        AccessCursor.execute(sql)
        AccessCursor.commit()
    except:
        print("修改数据失败")

    # 查询
    try:
        sql = "SELECT * FROM " + table_name
        AccessCursor.execute(sql)
        result = AccessCursor.fetchall()
        for row in result:
            for col in range(len(row)):
                print(row[col], "\t", end='')
```

```
        print("")
except:
    print("查询数据失败")

AccessCursor.close()
conn.close()
```

运行结果如下：

```
1001  王萍  女  软件工程
1002  李明  男  软件工程
1003  顾于  女  软件工程
2001  张胜  男  计算机科学
2002  宋佳  男  计算机科学
2003  谢芳  女  计算机科学
1201  凡人  女  软件工程
1202  凡人  男  计算机科学
```

数据库连接部分也可以采用 DSN 方式，即在系统 ODBC 中创建好数据源，如图 12-11 所示。

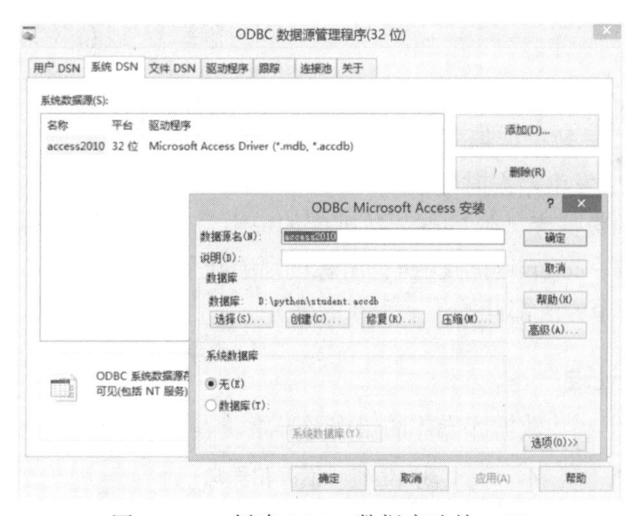

图 12-11　创建 ODBC 数据库连接 DSN

连接数据库的代码可以更改为：

```
import pyodbc

database_name = r"d:\python\student.accdb"
table_name = "student"

# 连接
conn =pyodbc.connect("DSN=Access2010")
AccessCursor = conn.cursor()
```

注意这里使用了 pyodbc 库，同样需要在 setting 中加入该库。访问的数据库格式是 Access 2010，student.accdb 也是通过 Navicat MySQL 导出的。其他代码不用更改，运行结果一样。

*12.4 事务和错误处理

12.4.1 事务

事务机制可以确保数据保持一致。

事务应该具有 4 个属性：原子性、一致性、隔离性、持久性。这 4 个属性通常称为 ACID 特性。

- 原子性（atomicity）。一个事务是一个不可分割的工作单位，事务中包括的诸操作要么都做，要么都不做。
- 一致性（consistency）。事务必须是使数据库从一个一致性状态变到另一个一致性状态。一致性与原子性是密切相关的。
- 隔离性（isolation）。一个事务的执行不能被其他事务干扰。即一个事务内部的操作及使用的数据对并发的其他事务是隔离的，并发执行的各个事务之间不能互相干扰。
- 持久性（durability）。持久性也称永久性（permanence），指一个事务一旦提交，它对数据库中数据的改变就应该是永久性的，接下来的其他操作或故障不应该对其有任何影响。
- Python DB API 2.0 的事务提供了两个方法：commit 或 rollback。
- db.commit()#：向数据库提交。
- db.rollback()#：发生错误时回滚。

对于支持事务的数据库，在 Python 数据库编程中，当游标建立之时，就自动开始了一个隐形的数据库事务。commit() 方法执行游标的所有更新操作，rollback() 方法回滚当前游标的所有操作。每一个方法都开始了一个新的事务。

12.4.2 错误处理

DB API 中定义了一些数据库操作的错误及异常。表 12-1 列出了这些错误和异常。

表 12-1 错误和异常

异常	描 述
Warning	当有严重警告时触发，例如数据插入时被截断等。必须是 StandardError 的子类
Error	警告以外的所有其他错误类。必须是 StandardError 的子类
InterfaceError	当有数据库接口模块本身的错误（而不是数据库的错误）发生时触发。 必须是 Error 的子类
DatabaseError	和数据库有关的错误发生时触发。 必须是 Error 的子类
DataError	当有数据处理时的错误发生时触发，例如除零错误、数据超范围等。 必须是 DatabaseError 的子类
OperationalError	指非用户控制的，而是操作数据库时发生的错误。例如，连接意外断开、数据库名未找到、事务处理失败、内存分配错误等操作数据库时发生的错误。必须是 DatabaseError 的子类

续表

异常	描　述
IntegrityError	完整性相关的错误，例如外键检查失败等。必须是 DatabaseError 的子类
InternalError	数据库的内部错误，例如游标（cursor）失效了、事务同步失败等。必须是 DatabaseError 的子类
ProgrammingError	程序错误，例如数据表（table）没找到或已存在、SQL 语句语法错误、参数数量错误等。必须是 DatabaseError 的子类
NotSupportedError	不支持错误，指使用了数据库不支持的函数或 API 等。例如在连接对象上使用 .rollback() 函数，然而数据库并不支持事务或者事务已关闭。必须是 DatabaseError 的子类

习题 12

一、单选题

1.________是 Python 的标准数据库接口。

A）ODBC　　B）Python DB-API

C）JDBC　　D）pyodbc

2. Python 操作 MySql 数据库需要导入 ________ 库。

A）win32com.client　　B）sqlite3

C）pymongo　　D）pymysql

3. Python 查询 Mysql，使用 ________ 方法获取单条数据。

A）fetchone( )　　B）fetchall( )

C）getline( )　　D）selectone( )

4. 不属于数据库事务基本属性的是 ________。

A）原子性　　B）安全性　　C）隔离性　　D）持久性

5. Python 操作 Access 数据库需引入 ________ 模块。

A）win32com.client　　B）sqlite3

C）pymongo　　D）pymysql

6. Python DB API 的事务提供了两个方法，是 ________。

A）start/stop　　B）execute/connect

C）join/apply　　D）commit/rollback

7. 关于 DB API 中定义了一些数据库操作的错误及异常，正确的解释是 ________。

A）interface Error：当有数据库接口模块本身的错误（而不是数据库的错误）发生时触发。必须是 Error 的子类

B）Data Error：连接意外断开、数据库名未找到、事务处理失败、内存分配错误等

C）Internal Error：程序错误，例如数据表（table）没找到或已存在、SQL 语句语法错误

D）Programming Error：数据库的内部错误，例如游标（ cursor）失效了、事务

同步失败等

二、填空题

1. Python 连接 MySQL 需要用到 ________ 库或 __________ 库。

2. 设有如下语句：

```
import pymysql
db = pymysql.connect("localhost", "root", "123456", "student")
```

则 “cursor = db.cursor()” 可以 ____________。

3. 向 MySQL 数据库的表 student(sid,name,sex,class) 中插入一条记录 ('1004', ' 吴云 ', ' 女 ', ' 软件工程 ')，命令是 __________________________。

4. Python 查询 Mysql 使用 _______ 方法获取单条数据，使用 _________ 方法获取多条数据。

5. 事务的 ACID 特性指的是 ____。

三、编程题

1. 编写程序，输出案例中 student 表的所有女生记录信息（MySQL 库）。

2. 编写程序，输出案例中所有上 Java 课程的教师信息（Access 库）。

3. 编写程序，输出案例中所有课程成绩不及格的学生信息（MySQL 库和 Access 库）。

实训部分

实训 1　Python 语言基础

扫一扫，看视频

【实训目的和实训要求】

1. 掌握 Python 的安装与环境配置。
2. 掌握 PyCharm 的安装与环境配置。
3. 熟悉 Python 语言的编程环境。
4. 掌握基本输入输出的方法。
5. 了解 Python 代码编写规范。

【实训内容】

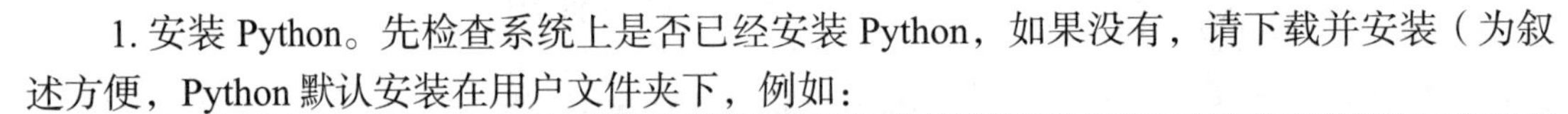

1. 安装 Python。先检查系统上是否已经安装 Python，如果没有，请下载并安装（为叙述方便，Python 默认安装在用户文件夹下，例如：

```
C:\Users\Administrator\AppData\Local\Programs\Python\Python36
```

为了使用和查找方便，假设 Python 安装目录为 C:\Python，本书案例的脚本存放目录为 D:\Program），本书案例编辑和调试用的 Python 版本为 3.6，PyCharm 版本为 Professional 2017.3，读者也可以选择下载更新的版本。

2. Python 编辑、开发和运行环境。

（1）了解 Python 交互式环境（运行 C:\Python\Python.exe）。

（2）了解 Python IDLE 环境（单击菜单或运行 C:\Python\Lib\idlelib\idle.bat）。

（3）熟悉 PyCharm 编辑环境（运行桌面的快捷方式 JetBrains PyCharm）。

3. Python 标准库。

（1）找到系统中 Python 执行程序的安装位置和标准库模块的安装位置。

（2）查看标准库中的一些文件，如 calendar.py，了解 Python 脚本的样式。

（3）查看 PyCharm 已安装的库。

（4）了解 pip 安装及用 pip 安装 Python 库。

4. 在 Python 交互式环境、IDLE 环境和 PyCharm 编辑环境中完成如下任务：

（1）编写代码，输出如下结果：

```
Hello World!
```

（2）编写代码，输出自己的学号、名字、班级、年龄和与自己相关的一些事情（如兴趣、爱好等）。运行结果如下：

```
['E201603056', 'Harry', '16级生物医学工程', 20, 'I love the 2018 FIFA World Cup!']
```

【思考】

1. 设置环境变量的作用是什么？如何设置？
2. 有多少种运行 Python 的方法？

实训 2 数据类型、序列、字典和集合

【实训目的和实训要求】

1. 掌握 Python 语言基本的数据类型。
2. 掌握 Python 语言的序列：字符串、列表、元组。
3. 掌握 Python 语言的字典、集合。

【实训内容】

在 PyCharm 中调试如下，观察并分析运行结果：

```
a = 65
print("a=%d,%o,%x" % (a, a, a))

f = 3.1415926
print("f=%.2f,%3.f,%6.3f " % (f, f, f))

s = "{0},{1}".format("Hello", "world!")
print("s1=%s,长度:%d" % (s, len(s)))
print("s2=%s" % (s.replace("w", "W")))

list = ["北京", "上海", "广州"]
print("list1.", list, ",长度:", len(list), ",第1个元素:", list[0])
list.append("重庆")
print("list2.", list)
list.insert(1, "深圳")
print("list3.", list)
print("删除末尾的元素", list.pop())
print("list4.", list)
print("删除第2个元素",list.pop(1))
print("list5.", list)
list[0] = "香港"
print("list6.", list)
list[1] = ["C", "Python", "Java"]
print("list7.", list)

t = ("北京", "上海", "广州")
print("t:", t)
print("t[0]:", t[0][0])
print("首字符串:", t[0][0], t[1][0], t[2][0])
```

```
d = {'北京': 95, '上海': 75, '广州': 85}
print("d:", d)
print("d['北京']=", d['北京'])
print("d.get('北京')=", d.get('北京'))
print("d.get('北京')=", d.get('南京', None))
print("'香港' in d:", '香港' in d)
print("删除", d.pop("广州"))

s = set([1, 2, 3])
print("set1:", s)
s.add(4)
print("set2:", s)
s.remove(2)
print("set3:", s)
```

运行结果如下：

```
a=65,101,41
f=3.14,  3, 3.142
s1=Hello,world!,长度:12
s2=Hello,World!
list1.['北京', '上海', '广州'] ,长度: 3 ,第1个元素: 北京
list2.['北京', '上海', '广州', '重庆']
list3.['北京', '深圳', '上海', '广州', '重庆']
删除末尾的元素 重庆
list4.['北京', '深圳', '上海', '广州']
删除第2个元素 深圳
list5.['北京', '上海', '广州']
list6.['香港', '上海', '广州']
list7.['香港', ['C', 'Python', 'Java'], '广州']
t: ('北京', '上海', '广州')
t[0]: 北
首字符串: 北 上 广
d: {'北京': 95, '上海': 75, '广州': 85}
d['北京']= 95
d.get('北京')= 95
d.get('北京')= None
'香港' in d: False
删除 85
set1: {1, 2, 3}
set2: {1, 2, 3, 4}
set3: {1, 3, 4}
```

实训 3 选择与循环

【实训目的和实训要求】

1. 掌握 Python 语言的选择结构程序设计。
2. 掌握 Python 语言的循环结构程序设计。
3. 学会用选择结构和循环结构设计简单的程序。

【实训内容】

1. 选择与循环：玩家与计算机一起玩剪刀、石头、布的游戏，分别由 0、1、2 代表剪刀、石头、布。玩家需要通过键盘输入值，计算机随机产生数值，比较大小；如果玩家获胜，则输出“恭喜，你赢了！”；如果平局，则输出“平局，要不再来一局！”；如果玩家输了，则输出“输了，游戏结束！”。运行 3 次，输入不同的数字后，效果如下：

第 1 次：

```
可用的选择有：
(0)石头
(1)剪刀
(2)布
请选择对应的数字:3
无效的选择,请选择 0/1/2
```

第 2 次：

```
可用的选择有：
(0)石头
(1)剪刀
(2)布
请选择对应的数字:1
您选择了：剪刀
计算机选择了：剪刀
平局,要不再来一局!
```

第 3 次：

```
可用的选择有：
(0)石头
(1)剪刀
(2)布
请选择对应的数字:0
您选择了：石头
计算机选择了：剪刀
```

```
恭喜，你赢了！
```

2. 使用 for 循环和 while 循环输出 9*9 乘法表。运行效果如下：

```
1*1=1
1*2=2 2*2=4
1*3=3 2*3=6  3*3=9
1*4=4 2*4=8  3*4=12 4*4=16
1*5=5 2*5=10 3*5=15 4*5=20 5*5=25
1*6=6 2*6=12 3*6=18 4*6=24 5*6=30 6*6=36
1*7=7 2*7=14 3*7=21 4*7=28 5*7=35 6*7=42 7*7=49
1*8=8 2*8=16 3*8=24 4*8=32 5*8=40 6*8=48 7*8=56 8*8=64
1*9=9 2*9=18 3*9=27 4*9=36 5*9=45 6*9=54 7*9=63 8*9=72 9*9=81
```

3. 用 while 循环解决猴子吃桃问题：猴子第一天摘下若干个桃子，当即吃了一半，还不过瘾，又多吃了一个。第二天早上又将剩下的桃子吃掉一半，又多吃了一个。以后每天早上都吃了前一天剩下的一半零一个。到第 10 天早上想再吃时，发现只剩下一个桃子了。求第一天共摘了多少桃子并输出结果。运行效果如下：

```
total= 1534
```

【思考】

1. 通过练习，重点掌握 Python 中选择结构和循环结构的语法基础，并能够利用 if、for、while 语句编写程序，解决实际问题。

2. 用不同的循环结构程序设计，找出 1~1000 之间的水仙花数。

实训 4　字符串与正则表达式

【实训目的和实训要求】

1. 掌握字符串的编码格式。

2. 掌握字符串的基本操作方法。

3. 掌握正则表达式的基本语法。

4. 学会使用和设计简单的正则表达式。

【实训内容】

1. 输入一个字符串，编写程序输出一个与之相似的字符串，要求该输出字符串的大小写反转。

比如，输入 "Gu.Py"，输出 "gU.pY"。运行效果如下：

```
请输入字符串:Gu.Py
gU.pY
```

2. 编写一个应用程序，找出字符串“2018 俄罗斯世界杯，一届没有中国队的世界杯，一届属于中国企业的世界杯。”中，以“世界杯”结尾的句子，并显示出匹配的位置。运行效果如下：

```
[7, 19, 32]
```

3. 编写程序，实现手机号的验证。验证规则如下：长度必须为 11 位，前 2 位是 13、15 或 18，后 9 位都是数字。运行效果如下（运行两次，分别输入 13912345678 和 11912345678）：

第 1 次运行：

```
输入一个手机号:13912345678
13912345678 是一个合法的手机号
```

第 2 次运行：

```
输入一个手机号:11912345678
11912345678 不是一个合法的手机号
```

【思考】

1. Python 中 search( ) 和 match( ) 有什么区别？

2. 用 Python 匹配 HTML 标签时，<.*> 和 <.*?> 有什么区别？

实训 5　函数设计与使用

【实训目的和实训要求】

1. 掌握函数的定义、参数类型和参数传递。
2. 掌握变量的定义及其作用域。
3. 学会设计简单的函数。

【实训内容】

1. 约数。完成一个名为 getfactors(n) 的函数。它接受一个整数作为参数，返回它所有约数的列表，包括 1 和它本身。运行效果如下：

```
Enter a number:100
divisor: [1, 2, 4, 5, 10, 20, 25, 50, 100]
```

2. 阶乘。编写代码，定义一个求阶乘的函数 fact(n)，要求输入 N，返回 N! 的值。运行效果如下：

```
请输入阶乘数字:10
3628800
```

3. Fibonacci 数列。Fibonacci 数列指的是这样一个数列：1、1、2、3、5、8、13、21、……在数学上，Fibonacci 数列以递归的方法定义：F(0)=1，F(1)=1，F(n)=F(n-1)+F(n-2)（$n \geqslant 2$，$n \in N^*$）。写一个函数 fib(n)，给定整数 N，输出前 N 个 Fibonacci 数字。运行效果如下：

```
请输入您想输出多少个斐波那契数列元素:10
1
1
2
3
5
8
13
21
34
55
```

【思考】

1. Python 中如何定义一个函数？
2. 在递归函数的使用过程中，为什么要设置终止条件？

实训 6　面向对象程序设计

【实训目的和实训要求】

1. 掌握类的定义域使用的基本方法。

2. 掌握类的方法、属性和继承的概念。

3. 学会设计简单的类并应用在程序中。

【实训内容】

1. 设计一个三维向量类 Vector3D，包含三维向量的一些基本运算，如加法、减法以及点乘、叉乘。如 v1 = (1, 2, 3)，v2 = (4, 5, 6)，运行效果如下：

```
三维向量相加：
5,7,9
三维向量相减：
-3,-3,-3
三维向量点乘：
4,10,18
三维向量叉乘：
-3,6,-3
```

2. 编写程序，创建类 Cube，分别计算柱体的表面积和体积。输入 l=1，w=2，h=3，运行效果如下：

```
the surface of cube is 22
the volume of cube is 6
```

【思考】

如果上例的 Cube 类只能计算底面积为矩形的柱体体积，而无法计算具有三角形、梯形以及其他形状底的柱体的体积，显然这样的 Cube 类的设计是不合理的。通过分析可以发现，Cube 类中经常需要修改的就是计算底面积的算法，所以合理的做法是应当将 Cube 类的设计和底面积的计算分开，将计算底面积的任务交给其他类完成。编写程序，按照合理的做法创建一个新的类 NewCube，计算各种柱体（底面图形为三角形、梯形、圆等形状）对应的体积。

实训 7　文件操作

【实训目的和实训要求】

1. 理解并掌握文件的概念、类型。
2. 掌握文件的基本操作方法。
3. 掌握目录的操作方法。

【实训内容】

1. 在 D:\Program 下创建一个文本文件 t1.txt，输入一些包含大小写英文字母的文本。例如：

```
class Animal(object):
    def __init__(self, name, age):
        self.name = name
        self.age = age
    def run(self):
        print(self.name + " is running")
```

编写程序，实现读取该文本文件的内容，将其中大写字母转换为小写字母，小写字母转换为大写字母，转换后的结果存储到文本文件 t2.txt 中。程序运行后，打开 t2.txt，内容应为：

```
CLASS aNIMAL(OBJECT):
    DEF __INIT__(SELF, NAME, AGE):
        SELF.NAME = NAME
        SELF.AGE = AGE
    DEF RUN(SELF):
        PRINT(SELF.NAME + " IS RUNNING")
```

2. 编写程序，实现在磁盘上建立一个文件，并从键盘上写入内容，写完后关闭文件。再打开文件，把文件的内容打印到屏幕上。运行效果如下：

```
请输入文件名：FIFA2018
请输入文件内容(输入EOF结束写入)： 人生如同足球场，有赢球时的振奋，也有失球时的懊恼，更有罚出场时的无奈和悔恨。我们的生命就像世界杯，有胜利时的喜悦，更有失败时的悲凉。
请输入文件内容(输入EOF结束写入)：EOF
###############开始######################
人生如同足球场，有赢球时的振奋，也有失球时的懊恼，更有罚出场时的无奈和悔恨。我们的生命就像世界杯，有胜利时的喜悦，更有失败时的悲凉。


###############结束######################
```

3. 编写程序，实现将指定文件夹下所有图片的名称加上“_gzy”。按要求将程序补充完整，并上机运行。

```
# -*- coding:utf-8 -*-
```

```
import re
import os
import time
#str.split(string)分割字符串
#'连接符'.join(list) 将列表组成字符串
def ChangeName(path):
    global i
    if not os.path.isdir(path) and not os.path.isfile(path):
        return False
    if os.path.isfile(path):
        #分割出目录与文件
        #分割出文件与文件扩展名
        #取出后缀名(列表切片操作)
        img_ext = ['bmp','jpeg','gif','psd','png','jpg']
        if file_ext in img_ext:
            os.rename(path,file_path[0]+'/'+lists[0]+'_gzy.'+file_ext)
            i+=1
    elif os.path.isdir(path):
        for x in os.listdir(path):
            ChangeName(os.path.join(path,x))    #os.path.join()用于路径处理
img_dir = 'D:\Pictures'
img_dir = img_dir.replace('\\','/')
start = time.time()
i = 0
ChangeName(img_dir)
c = time.time() - start
print('程序耗时:%0.2f'%(c)+'ms')
print('共处理了 %s 张图片'%(i))
```

【思考】

1. Python 中文件读写模式 r、r+、w、w+、a、a+ 的区别是什么?

2. 实训题 3 中，对文件操作时用了正则表达式：img_dir = img_dir.replace('\\','/')，思考其作用。

实训 8 图形界面设计

【实训目的和实训要求】

1. 掌握 Tkinter 和 wxPython 的使用方法。
2. 了解典型的界面控件的使用方法。
3. 学会在程序设计中设计和使用基本的控件。

【实训内容】

1. 使用 Tkinter 或 wxPython，实现最简单的窗体。运行效果如图 s8-1 所示。

图 s8-1 窗体效果

2. 用 wxPython 编写程序 Notepad.py，实现一个简单的文本编辑器。按要求将程序补充完整，并上机运行。运行效果如图 s8-2 所示。

```
import wx
import sys
class Notepad(object):
    def __init__(self, size = (600, 400)):
        self.__size = size
        self.__win =                # 创建Frame窗口对象
        self.__bkg =                # 在窗口对象上创建Panel面板对象
        self.__openBtn =            # 创建"打开"按钮,用于打开文件
        self.__openBtn.Bind(wx.EVT_BUTTON, self.openFile)
        self.__filepath_area = wx.TextCtrl(self.__bkg, style=wx.TE_READONLY)
        self.__saveBtn = wx.Button(self.__bkg, label='保存')
        self.__saveBtn.Bind(wx.EVT_BUTTON, self.saveFile)
        self.__hbox = wx.BoxSizer()
        self.__hbox.Add(self.__openBtn, proportion=0, flag=wx.LEFT | wx.ALL, border=5)
        self.__hbox.Add(self.__filepath_area, proportion=1, flag=wx.EXPAND | wx.TOP |
wx.BOTTOM, border=5)
```

```
            self.__hbox.Add(self.__saveBtn, proportion=0, flag=wx.LEFT | wx.ALL, border=5)
            self.__vbox = wx.BoxSizer(wx.VERTICAL)
            self.__vbox.Add(self.__hbox, proportion=0, flag=wx.EXPAND | wx.ALL)
            self.__multiline_editor = wx.TextCtrl(self.__bkg, style=wx.TE_
MULTILINE)
            self.__vbox.Add(self.__multiline_editor,proportion=1,flag=wx.
EXPAND | wx.LEFT | wx.BOTTOM | wx.RIGHT,border=5)
            self.__bkg.SetSizer(self.__vbox)
        def show(self):
            self.__win.Show()
        def openFile(self,evt):
            dlg = wx.FileDialog(self.__win,"打开文件","","","All files (*.*)|*.*",
wx.FD_OPEN | wx.FD_FILE_MUST_EXIST)
            filepath = ''
            if dlg.ShowModal() == wx.ID_OK:
                filepath = dlg.GetPath()
            else:
                return
            self.__filepath_area.SetValue(filepath)
            with open(filepath,'r') as file:
                fcontent = file.read()
                self.__multiline_editor.SetValue(fcontent)
        def saveFile(self,evt):
            if not self.__filepath_area.GetValue():
                return
            fcontent = self.__multiline_editor.GetValue()
            with open(self.__filepath_area.GetValue(),'w+') as file:
                file.write(fcontent)
                dlg = wx.MessageDialog(None, "保存成功！", "保存修改", wx.OK_
DEFAULT)
            dlg.ShowModal()
    def main():
        app = wx.App()
        notepad = Notepad()
        notepad.show()
        app.MainLoop()

    if __name__ == '__main__':
        main()
```

图 s8-2　文本编辑器效果

3. 设计一个窗体，模拟 QQ 登录界面，当用户输入用户名“gzy”和密码“123456”时提示正确，否则提示错误。参考以下程序，上机运行。运行效果如图 s8-3 所示。

```
    import wx
    class wxGUI(wx.App):
        def OnInit(self):
            frame = wx.Frame(parent=None, title='Login', size=(250,150),
pos=(350,350))
            panel = wx.Panel(frame, -1)

            label1 = wx.StaticText(panel, -1, 'UserName:', pos=(0,10),
style=wx.ALIGN_RIGHT)
            label2 = wx.StaticText(panel, -1, 'Password:', pos=(0,30),
style=wx.ALIGN_RIGHT)

            self.textName = wx.TextCtrl(panel, -1, pos=(70,10),
size=(160,20))
            self.textPwd = wx.TextCtrl(panel, -1, pos=(70,30),
size=(160,20),style=wx.TE_PASSWORD)

            buttonOK = wx.Button(panel, -1, 'OK', pos=(30,60))
            self.Bind(wx.EVT_BUTTON, self.OnButtonOK, buttonOK)
            buttonCancel = wx.Button(panel, -1, 'Cancel', pos=(120,60))
            self.Bind(wx.EVT_BUTTON, self.OnButtonCancel, buttonCancel)
            buttonOK.SetDefault()

            frame.Show()
            return True
        def OnButtonOK(self, event):
            usrName = self.textName.GetValue()
            usrPwd = self.textPwd.GetValue()
```

```
        if usrName=='gzy' and usrPwd=='123456':
            wx.MessageBox('正确！')
        else:
            wx.MessageBox('错误！')
    def OnButtonCancel(self, event):
        pass
app = wxGUI()
app.MainLoop()
```

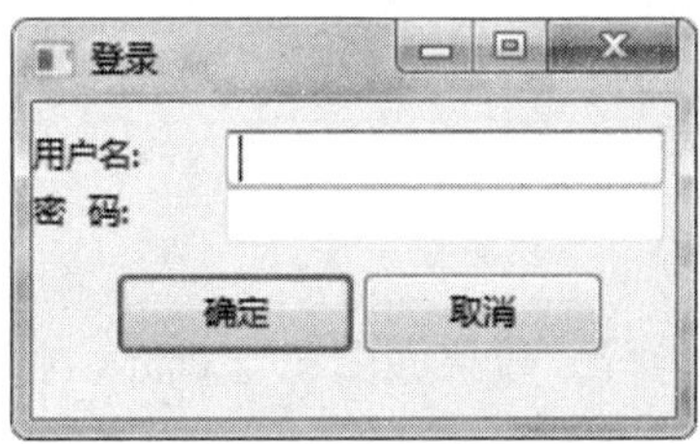

图 s8-3 登录界面效果

【思考】

在创建任何框架或者控件之前，为什么必须先启动 wx.App？

实训 9　网络程序设计

【实训目的和实训要求】

1. 了解计算机网络基础知识。
2. 学会简单的网络编程技术。
3. 学会简单的网站开发技术。

【实训内容】

1. 按下列要求编写程序并运行，效果如图 s9-1 所示。注意：参考程序存储在 C:\Python 下，请根据实际存储位置调整。

（1）编写一个简单的互联网服务器文件 server.py，先使用 socket 模块中可用的 socket( ) 创建套接字对象，然后使用套接字对象调用其他函数来设置套接字服务器。通过调用 bind(hostname, port) 函数指定主机上服务的端口。接下来，调用返回对象的 accept( ) 方法。

此方法在指定的端口等待客户端连接，连接成功后返回一个连接 (connection) 对象，该对象表示与该客户端的连接。

```
import socket
# create a socket object
serversocket = socket.socket(socket.AF_INET, socket.SOCK_STREAM)
# get local machine name
host = socket.gethostname()
port = 8088
# bind to the port
serversocket.bind((host, port))
print("Server start at port: 8088")
# queue up to 5 requests
serversocket.listen(5)
while True:
    # establish a connection
    clientsocket,addr = serversocket.accept()
    print("Got a connection from %s" % str(addr))
    msg='Thank you for connecting'+ "\r\n"
    clientsocket.send(msg.encode('ascii'))
    clientsocket.close()
```

（2）编写一个简单的客户端文件 client.py，打开给定端口 8088 与上面的服务器程序主机的连接。使用 Python 的 socket 模块功能创建套接字客户端。socket.connect(hosname,port) 函数打开 hostname 上 port 的 TCP 连接。完成后，关闭它。

```
import socket
```

```
# create a socket object
s = socket.socket(socket.AF_INET, socket.SOCK_STREAM)
# get local machine name
host = socket.gethostname()
port = 8088
# connection to hostname on the port.
s.connect((host, port))
# Receive no more than 1024 bytes
msg = s.recv(1024)
s.close()
print (msg.decode('ascii'))
```

网络编程效果如图 s9-1 所示。

图 s9-1　网络编程效果

2. 编写程序，读取“https://www.python.org”网站首页的内容，参考代码如下：

```
import urllib.request
dir(urllib.request)
fp=urllib.request.urlopen('https://www.python.org')
dir(fp)
print(fp.read(500))
fp.close()
```

运行结果如下：

```
b'<!doctype html>\n<!--[if lt IE 7]> <html class="no-js ie6 lt-ie7 lt-ie8 lt-ie9"> <![endif]->\n<!--[if IE 7]>        <html class="no-js ie7 lt-ie8 lt-ie9"><![endif]->\n<!--[if IE 8]><html class="no-js ie8 lt-ie9"><![endif]->\n<!--[if gt IE 8]><!-><html class="no-js" lang="en" dir="ltr"> <!--<![endif]->\n\n<head>\n<meta charset="utf-8">\n <meta http-equiv="X-UA-Compatible" content="IE=edge">\n\n <link rel="prefetch" href="//ajax.googleapis.com/ajax/libs/jqu'
```

【思考】

实训内容 2 中，只是学习利用 Python 爬虫获取了网站的首页内容。如果要获取网页的所有链接，该如何操作？

实训 10　大数据

【实训目的和实训要求】

1. 了解大数据处理的基本知识。

2. 学会简单的大数据处理技术。

【实训内容】

随机生成 100000 个 0~100 分的成绩，然后分段统计成绩的数量（分为 3 段：0 ～ 59、60 ～ 84、85 ～ 100）。

参考程序：

```
import csv,random
import pandas as pd
import matplotlib.pyplot as plt
csvfile = r"d:\python\myscore.csv"
with open(csvfile, 'w') as fp:
    wr = csv.writer(fp)
    wr.writerow(["学号", "成绩"])
    for i in range(100000):
        wr.writerow([str(i+1), random.randrange(101)])
df = pd.read_csv(r"d:\python\myscore.csv", encoding="cp936")
df = df.dropna(axis=0)
plt.figure()
x = df["成绩"]
lx = [0,60,85,101]
ly = ["0-59","60-84","85-100"]
total=[0,0,0]
for i in range(3):
    total[i] = x.between(lx[i], lx[i+1]-1).sum()
plt.plot(ly, total)
print(total)
plt.show()
```

生成的统计图如图 s10-1 所示。

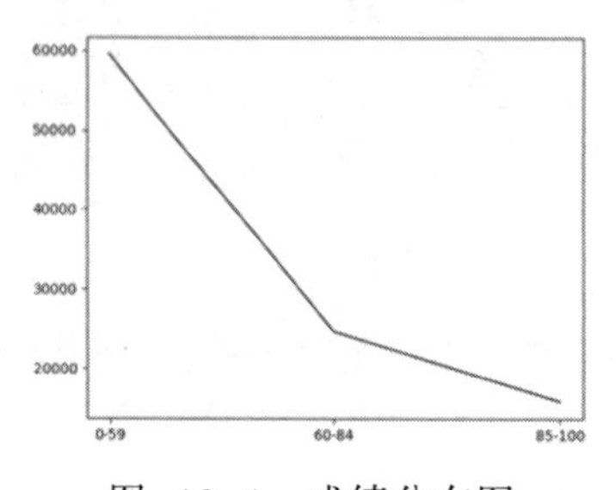

图 s10-1　成绩分布图

实训 11　线程与进程

【实训目的和实训要求】

1. 了解多线程的基本概念。
2. 了解进程的基本概念。

【实训内容】

1. 调试下面的程序，观察并分析运行结果。

```
import threading
import time

lock = threading.RLock()


def printnumber1(gNumber):
    time.sleep(1)
    print(gNumber)


def printnumber2(gNumber):
    lock.acquire()
    time.sleep(1)
    print(gNumber)
    lock.release()


for i in range(5):
    t = threading.Thread(target=printnumber1, args=(i,))
    t.start()

time.sleep(1)

for j in range(5):
    t = threading.Thread(target=printnumber2, args=(j,))
    t.start()
```

2. 调试下面的程序，观察并分析运行结果。

```
from multiprocessing import Array, Value, Process
```

```
def f(fd, fa,flist):
    fd.value = 3.1415926
    for i in range(len(fa)):
        fa[i] = fa[i]+10
    del flist[0]
    flist.insert(0,9)
    print(flist)

if __name__ == "__main__":
    md = Value('d', 0.0)
    ma = Array('i', range(3))
    mlist = [10, 20, 30]

    c = Process(target=f, args=(md, ma,mlist))
    d = Process(target=f, args=(md, ma,mlist))
    c.start()
    d.start()
    c.join()
    d.join()

    print(md.value)
    for j in ma:
        print(j)
    print(mlist)
```

实训 12　数据库编程

【实训目的和实训要求】

1. 学会 MySQL 数据库简单的编程技术。

2. 学会 Access 数据库简单的编程技术。

【实训内容】

1. 查询 MySQL 数据库 student 中表 student 和 score 中 C 语言、Python 成绩均大于等于 60 分的所有数据，要求显示学生的姓名 (name)、性别 (sex)、班级 (class) 及 C 语言和 Python 的成绩。

2. 查询 Access 数据库 student.mdb 中表 student 和 score 中 C 语言、Python 成绩均大于等于 60 分的所有数据，要求显示学生的姓名 (name)、性别 (sex)、班级 (class) 及 C 语言和 Python 的成绩。

【思考】

如何访问其他数据库，例如 SQL Server、Oracle 等?

附录 A　Python 2 和 Python 3

附表 A-1　Python 2 和 Python 3 的比较

比较项目	Python 2	Python 3
print	print 'Hello,World!'	报错
	print('Hello,World!')	print('Hello,World!')
	print "abcd", ; print 'efgh'	print("abcd,",end="")print('efgh')
不等于	< > 或 !=	!=
关键词		加入 as、with、True、False、None
nonlocal 语句	无	使用 nonlocal x 可以直接指派外围（非全局）变量
除法	3 / 2	3 // 2　整除
	3 // 2	3 // 2　整除
	3 / 2.0	3 / 2 或 3 / 2.0　实除
	3 // 2.0	3 //2.0　整除
八进制	0666	0o666
二进制	无	0b110110110
long 类型	有	无，用 int 替代
unicode	有 str、bytearray 类型，无 unicode 类型，需要 unicode 函数转换	有 unicode 类型，有 bytes 和 bytearrays 两个字节类
xrange	专用于创建一个可迭代对象	报错，用 range 替代并包含新方法 __contains__
触发异常	支持新旧两种异常触发语法	只接受带括号的语法
异常处理	try: except …:	必须使用“as”关键字 try: except … as …: 用 raise Exception(args) 代替 raise Exception, args 语法，去除了异常类的序列行为和 .message 属性，所有异常都从 BaseException 继承，并删除了 StardardError
next() 函数和 .next() 方法	均可以使用	只能使用 next() 函数

续表

比较项目	Python 2	Python 3
for 循环变量与全局命名空间泄漏，例如： i=1i for i in range(5) print(i)	输出 :4	输出 :1
顺序操作符，例如 : [1, 2] > (2, 2)	可以	报错，必须类型匹配 :TypeError: '>' not supported between instances of 'list' and 'tuple'
输入 str 类型数据	raw_input() 代替 input()	input()
返回可迭代对象 print(range(3)) print(type(range(3)))	[0,1,2] <type 'list'>	range(0, 3) <class 'range'>
	返回 list	返回 range 对象，以下方法不再返回 list:zip()、map()、filter()、字典的 .key() 方法、字典的 .value() 方法、字典的 .item() 方法
面向对象	-	引入抽象基类（Abstract Base Classes，ABCs），数值类型、容器类和迭代器类被 ABCs 化
模块	-	1. 移除了 cPickle 模块，可以使用 pickle 模块代替 2. 移除了 imageop、audiodev、Bastion、bsddb185、exceptions、linuxaudiodev、md5、MimeWriter、mimify、popen2、rexec、sets、sha、stringold、strop、sunaudiodev、timing、xmllib、bsddb、new 模块 3. os.tmpnam() 和 os.tmpfile() 函数被移动到 tmpfile 模块下 4. tokenize 模块用 bytes 工作。主要的入口点不再是 generate_tokens，而是 tokenize.tokenize()

附录 B　常用的 Python 编辑环境

附表 B-1　常用的 Python 编程环境

名称	简介
PyCharm	是 JetBrains 开发的 PythonIDE，包含一般 IDE 具备的各种功能，例如调试、语法高亮、Project 管理、代码跳转、智能提示、自动完成、单元测试、版本控制等，另外，PyCharm 还提供了一些很好的功能用于 Django 开发，同时支持 GoogleAppEngine、IronPython
Vim	高级文本编辑器，提供实际的 Unix 编辑器 Vi 功能，支持更多更完善的特性集
EclipsewithPyDev	允许开发者创建有用和交互式的 Web 应用。PyDev 是 Eclipse 开发 Python 的 IDE，支持 Python、Jython 和 IronPython 的开发
SublimeText	多功能，支持多种语言，而且在开发者社区非常受欢迎。Sublime 有自己的包管理器，开发者可以使用 TA 来安装组件、插件和额外的样式。
KomodoEdit	干净专业的 PythonIDE
WingwarePythonIDE	兼容 Python2.x 和 3.x，可以结合 Django、matplotlib、Zope、Plone、AppEngine、PyQt、PySide、wxPython、PyGTK、Tkinter、mod_wsgi、pygame、Maya、MotionBuilder、NUKE、Blender 和其他 Python 框架使用。支持测试驱动开发，集成了单元测试、nose 和 Django 框架的执行和调试功能。启动和运行的速度都非常快，支持 Windows、Linux、OSX 和 Pythonversi
PyScripter	免费开源的 Python IDE
Eric	全功能的 Python 和 Ruby 编辑器与 IDE，用 Python 编写。Eric 基于跨平台的 GUI 工具包 Qt，集成了高度灵活的 Scintilla 编辑器控件。Eric 包括一个插件系统，允许简单地对 IDE 进行功能性扩展
IEP	跨平台的 PythonIDE，旨在提供简单高效的 Python 开发环境。包括两个重要的组件：编辑器和 Shell，并且提供插件工具集，从各个方面来提高开发人员的效率
Visual Studio	开发 Windows 平台产品的利器，是 C#、ASP.NET 等应用开发的首选 IDE，也可作为 PythonIDE 使用。安装 PTVS(Python Tools for Vistul Studio) 插件，即可快速将 Visual Studio 变成 Python IDE 使用
Ulipad	基于 wxPython 开发的 GUI(图形化界面)，前身是 NewEdit，有自动补全功能，开源，可以用 SVN 下载最新的源代码，依赖 wxPython。轻便小巧而功能强大，适合初学者
Spyder	即著名的 Pydee，是一个强大的交互式 Python 语言开发环境，集成了科学计算常用的 Python 第三方库。提供高级的代码编辑、交互测试、调试等特性，支持包括 Windows、Linux 和 OSX 等系统

附录 C　Python 资源网站

1. Python 官方网站：https://www.python.org/。

2. Python 中文学习大本营：http://www.pythondoc.com/。

3. Python 中文开发者社区：http://www.pythontab.com/。

4. 开源的 Python 发行版本，包含 conda、Python 等 180 多个科学包及其依赖项 https://www.anaconda.com/。

5. pip：https://pypi.org/。

常用 Python 第三方库见附表 C-1。

附表 C-1　常用 Python 第三方库

分类	库名称	库用途
Web 框架	Django	https://www.djangoproject.com/ 开源 web 开发框架，它鼓励快速开发，并遵循 MVC 设计
	ActiveGrid	http://sourceforge.net/projects/activegrid/ 企业级的 Web 2.0 解决方案
	Karrigell	http://karrigell.sourceforge.net/ 简单的 Web 框架，自身包含 Web 服务、py 脚本引擎和纯 Python 的数据库 PyDBLite
	webpy	http://webpy.org/ 一个小巧灵活的 Web 框架，虽然简单但是功能强大
	CherryPy	http://www.cherrypy.org/ 基于 Python 的 Web 应用程序开发框架
	Pylons	http://pylonshq.com/ 基于 Python 的一个极其高效和可靠的 Web 开发框架
	Zope	http://www.zope.org/ 开源的 Web 应用服务器
	TurboGears	http://turbogears.org/ 基于 Python 的 MVC 风格的 Web 应用程序框架
	Twisted	http://twistedmatrix.com/ 流行的网络编程库，大型 Web 框架
	Quixote	http://www.quixote.ca/Web 开发框架

续表

分类	库名称	库用途
科学计算	Matplotlib	http://matplotlib.sourceforge.net/ 用 Python 实现的类 Matlab 的第三方库，用以绘制一些高质量的数学二维图形
	SciPy	http://www.scipy.org/ 基于 Python 的 Matlab 实现，旨在实现 Matlab 的所有功能
	NumPy	http://numpy.scipy.org/ 基于 Python 的科学计算第三方库，提供了矩阵、线性代数、傅立叶变换等的解决方案
GUI	PyGtk	http://www.pygtk.org/ 基于 Python 的 GUI 程序开发 GTK+ 库
	PyQt	http://wiki.python.org/moin/PyQt 用于 Python 的 QT 开发库
	WxPython	http://www.wxpython.org/ Python 下的 GUI 编程框架，与 MFC 的架构相似
其他	BeautifulSoup	http://www.crummy.com/software/BeautifulSoup/ 基于 Python 的 HTML/XML 解析器，简单易用
	PIL	http://www.pythonware.com/products/pil/ 基于 Python 的图像处理库，功能强大，对图形文件的格式支持广泛，仅支持到 Python 2.7。兼容版本 Pillow，支持 Python 3.X https://github.com/python-pillow/Pillow
	MySQLdb	http://sourceforge.net/projects/mysql-python 用于连接 MySQL 数据库
	PyGame	http://www.pygame.org/download.shtml 基于 Python 的多媒体开发和游戏软件开发模块
	Py2exe	http://prdownloads.sourceforge.net/py2exe 将 Python 脚本转换为 Windows 上可以独立运行的可执行程序

更多的 Python 库可以访问：https://www.lfd.uci.edu/~gohlke/pythonlibs/。

附录 D 关于配套资源的说明

1. 本书配套的软件下载及升级见 http://www.yataoo.com。

2. 题型暂包括选择题、填空题、改错题和编程题，如有变化请参加网站。

3. 模拟系统默认单机运行，网络部署请参见网站。

4. 系统提供命题模块、成绩回收模块、分析模块、监控模块等，仅对选用本书的学校或机构开放。

5. 教材中的案例、课件均可在网站上下载。

参考文献

[1]Magnus Lie Hetland.Python 基础教程 [M].3 版 . 北京 . 人民邮电出版社，2014
[2]Eric Matthes.Python 编程 - 从入门到实践 [M].3 版 . 北京 . 人民邮电出版社，2014
[3] 董付国 .Python 程序设计基础 [M].2 版 . 北京 . 清华大学出版社，2018